哈佛法则

哈佛大学送给青少年最好的礼物

李克维◎著

中国华侨出版社

目录
CONTENTS

第十五章

法则 15：合作——团队合作是哈佛人成功的保证

第十六章

法则 16：永远的 NO.1——让优秀成为一种习惯

序

作为世界教育最高的殿堂，哈佛大学对于学子们的吸引力非常大。当然哈佛之所以备受欢迎，完全是因为它所具备的独特魅力。如果你知道这个比美国历史还要久远的大学在 300 多年的时间里培养了大批的名人、伟人，就能够知道这所大学对于学生们意味着什么，对于整个世界意味着什么。

每个人都渴望获得哈佛式的成功，也都渴望进入哈佛，成为一个成功的哈佛人。可以说成功就是哈佛的一个标签，如果你愿意翻开哈佛大学的履历表，就会被它的光辉业绩所折服。1796 年，当美国人民要求华盛顿连任总统的时候，这位有远见的国父拒绝了这个要求，他觉得民权和民主不能受到个人权力欲望的冲击，于是来自哈佛大学的亚当斯有幸成为了第二位美国总统，之后哈佛便成为了美国总统的摇篮，包括富兰克林、威尔逊、昆西、罗斯福、肯尼迪、布什、奥巴马等多位总统都来自于哈佛。仅以这一项来说，哈佛大学着实影响了美国历史的发展，尽管独立于政治之外，但是哈佛却是美国政坛上不可忽视的一股力量。

不仅如此，哈佛大学还培养了 40 多位诺贝尔奖获得者，这样的成就纵观整个世界，也鲜有匹敌者，而 30 多位普利策奖获得者也来自于哈佛，由此可见它在美国人民心目中的地位。哈佛还培养出了众多伟大的人，包括像比尔·盖茨这种足以改变世界发展的人。

哈佛的成就绝对不止于此，今天，我们在这里谈论哈佛的成就，想要一条条全部罗列出来，那是非常困难的，尤其是它对世界教育史的发展有着不可磨灭的贡献，它的办学质量、教学模式、教育水平都是世界首屈一指的，它对于教育的革新能力和先觉能力也是其他大学难以比拟的。

因其历史、地位、学术影响力、成就、财富等因素，将哈佛列为世界上最优秀的学府之一，绝对不算过分。而且哈佛文化是开放的，正如哈佛的校长德里克·博克所说："一个大学能够给世人分享的，应该是它提供的知识和文化生活。"不仅如此，我们还能够从中领悟到一种精神，一种哈佛独有的法则，这种法则构成了哈佛的文化氛围和教学系统，构成了哈佛日益发展的一个动力系统。

哲学家威廉·詹姆斯曾经将哈佛描述为"无形的、内在的、精神的哈佛"，这恰如其分地反映出了哈佛的底蕴以及它迸发出来的独特魅力，这种魅力改变了美国，改变了世界的教育史，并造就了数千万人狂热的梦想。从这一点来看，我们有理由更深入地了解哈佛，需要更多地学习哈佛的精神和文化，以便能够从中吸收更多的养料。哈佛作为成功的一种典范，对所有追求成功的人都具有借鉴意义，今天我们的年轻人需要从这种典范中追寻更多的梦想，去寻找有关生活的各类真理。

第一章

法则 1：

立志——有雄心的人心中装满整个世界

理想和目标是哈佛教育的核心理念之一。在哈佛大学，每个人都被要求确立起一个属于自己的理想和目标，因为目标就像是一个指示灯一样，可以引导我们不断前进。与此相反，如果我们没有目标，没有理想，那么我们的行动将会失去方向，我们的行动将会受到制约。所以如果你想要走得更远，那么就需要设定一个更远大的目标，这样一来你的志向才能够撑起你的明天。

对于盲目的船来说，所有的风向都是逆风

三思而后行的人，很少会做错事。

——哈佛法则

早在 17 世纪的时候，法国作家哈伯特就说："对于一只盲目航行的船来说，所有的风向都是逆风。"类似的言论数不胜数，"做人不要盲目"这句话大概也已经流传了好几百年，至少要比美国历史更久远，但记住它的人似乎并不多。对于很多人来说，他们只停留在了"做"这个点上，但是如何做，做什么，做的目的是什么，有什么风险和要求，都一无所知。很显然，我们常常还是会成为那个盲目的执行者，很多时候我们仍然漫无目的、不假思索地生活或者工作，自然而然会觉得一切都是不顺的，似乎生活一直就在和自己作对，而这当然令人恼火。

尤其是对于年轻人来说，更为具体地说是那些青少年，他们更容易犯盲目做事的老毛病，很多时候，做事没有目标，没有方向，没有原则，也没有自己的立场，最基本的准备工作也没有，甚至于连最基本的思考方式也省略掉了。也许你会认为自己是一个敢做的人，是一个"快速执行

者”，你几乎从来不拖沓，但很不幸的是，你总是面临失败。很显然事情总是先于你而存在，而你的行为又总是先于思考而存在，这就是最大的错误。

如果你没有一个明确的目标和方向，也没有一个更为理性而详细的规划，那么从这一点来说，至少你没有真正像模像样地做一件事，绝对没有。连最傻最笨的熊也知道，像那样一头扎进水里去捕鱼，是没有办法捕到任何鱼的。当然你可能会偶尔走运，就像那些爱玩几把股票的初学者一样，你可能随机地购买一些股票来碰碰运气，然后一次性就大赚了一笔钱，但你可以问问股神巴菲特，他几乎从来不干这样的蠢事，你应该记住：盲目可不会给自己带来一辈子的好运。

埃里克森曾经是迈阿密最年轻的超级大富豪之一，当然他的财富多半来自于运气，在充满魔力和传奇意味的美国梦中，他是名副其实的幸运儿。2005年，年仅21岁的他从父亲那儿继承了一笔高达5.7亿美元的遗产，之后他在朋友的劝说下在底特律投资房地产，很快将个人资产扩展到了10亿美元以上。

不过事实上他并不是一个成功的资本家，因为在这仅有的好运之后，他开始接二连三地投资一些没头没脑的生意，尤其是2007年，他竟然花费巨资投资了雷曼银行。后面的事情想必全世界的人都知道，2008年的金融风暴之后，这家全美第四大的投资银行在风暴中丢盔弃甲，最后申请破产。

其实在开始这笔投资之前，如果埃里克森能够对市场稍微有一丁点儿的了解或者考虑，也许就不会被雷曼兄弟拖下水。但是这位仁兄在一产生投资想法后，几乎很快就在雷曼银行开了账户，他甚至不知道自己究竟在干什么。而在雷曼银行倒闭之后，他最应该做的就是从底特律撤出自己的生意，可是为了补上自己在雷曼银行中的亏损，他竟然再次盲目地对底特律的房产进行抄底，所以最后当金融风暴袭击底特律这个脆弱的城市时，埃里克森的财富只能严重贬值。

严格说起来，埃里克森并不能简简单单被归结为美国失败投资的一个缩影，因为导致埃里克森失败的并不是什么金融危机，而是他自己的盲目个性。当然，这个最让人头疼的不利因素在很多青少年身上随处可见，真正可怕的是很多时候，你甚至都没有意识到盲目的危险性。也正因为这样，在哈佛大学中，“理性地行动”永远都是教育的核心，实际上世界一流的教育水平让很多学生都容易产生自大心理，所以行动上的盲目冲动往往不可避免，这是哈佛人尽量避免发生的事情。

正因为如此，哈佛大学多年来一直都主张三思而后行，主张任何行为都要建立在理性的思考之上。很多哈佛学生在大学期间就已经规划了一个比较明确的未来，他们知道自己应该做些什么，知道什么事情值得尝试，知道什么事情可以直接忽略。学校要求他们找到自己的目标和方向，而不是盲目地去想去做。

哈佛大学第一任校长伊顿曾经说：“你认为将苍蝇的脑袋拧掉之后，它还会准确地飞到菜盘子里吗？”很显然，盲目永远都不是什么正确的举动。伊顿原本只是一个牧师，但是他却很理性地给哈佛注入了最初的新生力量，就像他从牧师的身份转向校长一样，他从来不盲目寻求改变，更不会盲目地做任何事，他觉得每个人都应该建立起一种个人的秩序，我们的生活需要更有规则，需要适当去控制，我们的思维和行动需要有所引导。事实上伊顿是一个丑闻缠身的校长，但很幸运的是他将这种理念传承了下去。

很显然，思考、思考、冷静思考，是哈佛大学教给每一个学生的生活理念。事实上，做一件事很容易，但是认真负责地做好一件事却很难，你需要懂得克制，需要有一个更为明确和理性的思维来引导。换句话说，无论做什么事，你都要时刻让自己保持“正在理解、正在思考”的状态，你需要更加负责地进行分析和预判，要有一个目标和方向，而不是随随便便地就去执行。

众所周知，羚羊是世界上跑得最快的动物之一，但是它们往往很容易被猎食者捕捉到，有时候就连狮子这种速度并不快的猎食者也能轻易捉住它们。科学家一开始觉得百思不得其解，虽然狮子也讲求策略，也懂得团队协作，可是羚羊只要一加速，就可以轻易甩开猎食者一大截，更重要的是，羚羊的耐力很好，善于长途奔跑，因此并不容易被捕捉。

但是经过一段时间的跟踪，科学家发现羚羊在逃跑的过程中会突然失去方向感，甚至于直接冲向狮子，从而沦为狮子的盘中餐。科学家因此认为羚羊是一种非常盲目的动物，它们逃跑的时候注意力会分散，大脑会突然短路，以至于意识不到自己为什么而逃跑，那么这时候它们无论跑向哪里，都可能会被狮子捉到。

这就是著名的羚羊效应，当然，当科学家们从羚羊身上寻找新的启示时，很多人仍旧在生活的困局中乱跑乱撞，而对于那些没有目标、没有方向、缺乏冷静、缺乏原则的年轻人来说，每一次选择都会摧毁自己。因此我们需要懂得克制自己的行为，我们在行动之前要懂得多做思考。只有理性思考的人，才能够准确把握方向和目标，因为每一个事物、每一个生活细节都会引导你做出正确的判断。

远见与目标，让你在10年后无可替代

一个人的目标越高远，那么他的成就就会越大。

——哈佛法则

哈佛大学曾经成立了一个问题调查组，他们对100名哈佛大学生进行抽样调查，然后提出了一个非常有趣的话题："10年以后，你希望在什么地方，从事什么工作？"结果学生们的回答是获得财富，经营大公司，要么就是改变世界。

当然绝大多数学生似乎只是应付了事，随便说说而已，只有10个学生明确了这样的目标，而且还将自己的目标清清楚楚地写了下来，不仅如此，他们还说明了自己在什么时候将会取得何种成就，而且说明是什么原因取得这些成就的。结果后来这10个人成了这100人当中最成功的人，他们的资产在100人当中也占到了96%，这绝对不是偶然的。

毫无疑问，目标和远见能够指引我们走向成功，但是多数人都做不到这一点，最明显的一个例子就是找工作，你想要找什么样的工作，你未来想成为什么样的人，你最适合做什么，你有怎样一个详尽的规划，老实说，这些问题可能会难倒一大片的学生。甲骨文狂人拉里·埃里森曾经说大学生就是一堆狗屎。好吧，没有人会对此感到舒服的，所以他被保安轰下台也是正常的现象。但是现实的问题是他的话有很大一部分是值得我们认真思考的，大学生活很容易让我们陷入一种无目的的状态，而埃里森的唯一优势在于他早早就确立了梦想。有关这一点，你能够想到的自然还有另外两个异类，一个是扎克伯格，另一个就是比尔·盖茨。

凑巧的是比尔·盖茨曾经也是哈佛的学生，不过他在大三的时候就突然宣布退学，很多人觉得很可惜，觉得他是不是疯了，但事实上这次退学成为了世界科技史的一个转折点。虽然盖茨的行为表现有些冲动，但绝对不盲目，因为他知道自己想要什么，他知道自己应该做什么。事实上，他早就预见了自己的研究会改变我们的生活，而最终的结果是这种研究大大影响了整个世界。如果你站在盖茨的角度，那么当年的你会怎么做呢？像埃里森说的那样，当个傻头傻脑的学生，还是说直接放弃名牌学府的荣耀？这个问题的假设并非没有任何意义，事实上多数人都不具备盖茨那样的胆识，也不具备他的远见，所以很遗憾的是，盖茨只有一个，而多数人仍旧普普通通，哪怕你是哈佛的学生。

当然，尽管比尔·盖茨实际上最后领到了哈佛大学的毕业证，但是严格来说，他还并不算是正统的哈佛生，不过有一点是很明显的，我们的首富先生具有哈佛的基因，他懂得去设定目标，懂得去把握自己的未来。其实在哈佛商学院中，类似于盖茨的人有很多，他们虽然成不了首富，但至少都获得了成功。

在哈佛大学的档案中，有个叫艾萨克的学生，当然和传统的美国家庭故事一样，这个家伙的老爹发现他是一个商业天才，所以送他去哈佛碰碰运气，然后艾萨克为自己量身打造了一个商业精英的培训计划。

他先是在哈佛大学选修了最普通的机械制造专业，也许你很难想象这会和商业金融扯上什么关系，但是机械制造实际上含有基本的商贸知识，而且他还养成了脚踏实地的习惯。当然为了完成计划，他还抽空进修了化学、建筑、电子等知识。如此丰富而详尽的规划，不得不说这家伙是有备而来的。

当然了，商业实际上离不开经济，所以艾萨克又攻读了经济学硕士，对商业运作和企业管理有了大致的了解。毕业之后，他没有直接参加工作，而是选择当一个公务员，他在官场混迹了 5 年，其结果就是积累了大量的人际关系资源，同时也让自己变得更加老练和沉稳。当艾萨克摸清了美国政治场上的游戏规则之后，他辞了职，然后到一家国际性的大公司里上班，就是为了掌握大量的商情和商务技巧。2 年之后，他感到时机成熟，于是拒绝了公司的高薪挽留，开始自主创业。

艾萨克前后花费了 14 年的时间来完成自己的布局，可以说每一步都在自己的计划之内，这足以让他成为好莱坞大片中的“终极阴谋家”了。经过这 14 年的计划，那么他现在怎样了呢？剧情依然很老套，依然是美国梦的主旋律：主人公拥有自己的别墅和游艇，在迈阿密或者夏威夷海滩上享受日光浴。

毫不客气地说，你的成功或者平凡实际上在 10 年或者更早以前就已经被决定了。是的，我不是占卜大师，不是星象学家，我无法预知你们的未来，但是成功的人通常都能够看到自己的未来，可以说他们最终都是被那个目标牵引着走向成功的，早在确立目标的时候，他们已经预知到自己的未来是很光明的。幸运的是，我们仍有机会创造属于自己的未来，我们的目标、我们的梦想，我们对于未来生活的预见能力，同样会指导我们和改变人生的道路。所以我们和那些成功人士的差距实际上只有一个——确定目标。

很显然，连 3 岁的小孩子也知道目标和理想的重要性，想要吃鸡蛋的人才能吃到鸡蛋。是的，他们会这样对你阐述这个简单到让人犯傻的道理。但你是否能够做这些简单的事呢？你大概从来不去想自己能做些什么，自己应该做些什么。多数时候我们都是没有任何目的的，就像吃饭睡觉一样，纯粹是为了应付时间点上的那些老掉牙的工作。但走一步算一步的生活注定了你没有办法走得更远，你不要指望生活会推着你往前走，只有制定目标，你才能够比别人走得更远。

所有的成功者都是天才的梦想家

成功的第一步在于确立一个梦想。

——哈佛法则

美国前总统威尔逊说：“人类因梦想而伟大。”很显然，你也想成为一个伟大的人，那么现在为什么不说一说你的梦想呢？你想成为亿万富翁，你想成为电影明星，想要拥有一个美丽的妻子，想要在曼哈顿拥有自己的投资公司，也许你还想着当一当总统，你觉得这很荒唐吗？不！你需要这些梦想，你需要借助这些梦想来刺激自己。每个人都有做梦的权利，别认为自己不够资格，美国梦的前提在于你敢去做梦。

事实上，每一项科技的进步，每一次人类社会的进化，都是由梦想催动的。实现在天空飞翔的莱特兄弟也许也干过在身上插羽毛的傻事，但是他们的确很快就造出了飞机。这就是梦想的力量，也许你觉得很荒诞，但是更荒诞的是多数人都没有做过这样的梦。这个世界永远都是被那些喜欢做梦的人在改变，而时刻保持清醒、理智的你也许到最后也只是一个普普通通的小人物。

哈佛大学的心理学博士莫根先生则说："所有的成功者都是天才的梦想家。"可以说那些成功人士往往都是狂热的梦想家，他们之中有人经常做白日梦，有人是幻想大师，有人则被认为是牛皮大王，但最后他们都从梦中获得了各种成功的启示，他们都将梦变成了现实。

在哈佛大学中有这样一个案例，那是关于成功学大师希尔·安东尼的发家故事。事实上这个亿万富翁在21岁的时候竟然还是一个睡在废旧汽车里面的流浪汉，但是他总是对别人说自己有一天会成为亿万富翁的，大家大概也都被这种美国式的幽默打动了，觉得他应该去当个演员，至少这番话与精神病院里的那些"天才"说的话别无二致。

但是安东尼真的这么去干了，很显然他除了一个脑子、一个空肚子之外，什么也没有，所以他要想方设法让那些资本家、银行家掏点儿钱来投资自己的事业。当然那些精明的资本家可不是笨头笨脑的呆鹅，他们可不想跟着一个成天和破轮胎、废铁打交道的穷鬼一起"犯傻"，结果可想而知，安东尼到处碰壁。据说这位老兄在半年时间里整整拜访了500多位银行家和企业家，但是没有一个人不认为他喝醉了，别说投资，他们甚至都没打算摸一摸钱包在哪儿。

这是一个巨大的打击，毕竟大概没有人会在半年之内被500多个人拒绝了，不过安东尼仍旧做着自己的白日梦，最后当某个银行家抱着试试看的心态来找他时，他还窝在那个破车子里整理他的名单。那个银行家似乎被他打动了，一上来就说："安东尼先生，我觉得你是一个大傻瓜，但是恭喜你，因为你找到了一个更傻的人。"最后安东尼得到了自己的第一笔小额贷款，然后他开始利用这笔钱来实施自己的计划，当然他最终获得了成功。

不得不说天才总是神经兮兮的，但是正因为脑子里比别人想的东西更多，比别人的梦想更丰富，他们才会获得比别人更大的成功。还记得那位能说会道的奥普拉女士吗？除了足够招人烦之外，不可否认的是她还是足够成功的，她曾说：“一个人可以非常清贫、困顿、低微，但是不可以没有梦想。只要有梦想一天，只要梦想存在一天，就可以改变自己的处境。”事实上，她就是一个爱做梦的人，正因为如此，她才会从一个堕落的问题少女，变成全世界最受欢迎也最成功的主持人，另外，她还是身家数十亿美元的大富翁。

这就是梦想，这就是梦想的力量，尽管梦想显得很幼稚，但是一旦它变得成熟，将不可阻挡。在奥巴马当上总统之前，试问有多少黑人朋友幻想过当总统呢？也许黑人当上总统只是好莱坞电影中的种族再平衡策略下产生的结果。但是来自哈佛大学的奥巴马先生做到了这一点，他很好地诠释了什么是美国梦，而这个美国梦可以说是一个世界梦。

有时候你之所以不能够取得成功，毫不客气地说，就是因为你从来不懂得做梦，你是一个缺乏梦想的人，一个缺乏天才梦想的人，你每天的想法就是如何挣到4000美元的月薪，什么时候可以在感恩节挑选那些最大的火鸡，还有就是你的房贷什么时候才能终结。你从来没有想过有一天会拥有自己的兰博基尼，没有想过自己会是万人簇拥下的名人或明星，也没有想过自己偶尔会在拉斯维加斯的赌场里一掷千金。不得不说，你是一个穷鬼，在思想上和身体上都是如此，你所有的思想也是为“穷鬼”这个名词做代言的。

其实，每个人都应该疯狂一次，至少应该成为一个狂热的梦想家，你要勇敢地做自己那些天才的梦，也许今天所有人都觉得你很荒唐，但是不久的将来你的荒唐行为很可能会创造不可估量的价值。

没有什么来不及，现在就是最好的开始

立即行动，你才有机会把事情做到最好。

——哈佛法则

索菲娅是哈佛大学艺术团里著名的歌剧演员，她在一次学校的表演比赛中谈到了自己的梦想，那就是大学毕业之后，先去欧洲旅游一年，然后争取在百老汇中占据一席之地。正当这个可爱的小女生怀抱美好的愿望走下台时，她的老师走了过来，在她耳边嘟哝了一句："你今天去百老汇和你毕业后去有什么差别？"索菲娅仔细一想，觉得老师的话很有道理，毕竟大学生活不一定能帮助自己争取到百老汇演出的机会。

于是她对老师说："那我还是等到一年后再去吧。"这时老师反问说："你现在去和一年以后去又有什么不同呢？"索菲娅认真思考了一番，然后咬咬牙说："好吧，那我下学期就去好了。"老师摇摇头，接着问："你下学期去，和今天去难道就会有什么不同吗？"索菲娅都被老师的话问得不好意思了，当然，那个光鲜亮丽的百老汇舞台一直在她脑子里打转，她似乎也等不起了，所以回答说："我准备下个月就出发。"

老师依然还是不满，"一个月后去百老汇和今天去也没有什么不一样。"索菲娅干脆回答说："老师，你给我一个星期的时间准备，我会去的。"老

师说："所有的生活用品你在百老汇都可以买到，还用做什么准备吗？一个星期后去和现在去有什么两样吗？"

索菲娅最终激动地看着老师，然后坚定地说："好，我明天就出发。"这时候老师才欣慰地点了点头，他说："我已经帮你订好明天的机票了。"第二天，索菲娅就飞往了百老汇，而且她刚好赶上当天的面试，更为巧合的是面试的题目就是索菲娅在学校里排演的对白，结果就这样索菲娅成功地被制片人相中。后来她自己也感到不可思议，因为如果她没有选择尽早来到百老汇，也许就永远失去了这样的好机会。

我们常常会听到这样的感叹："可惜，一切都太晚了。"正因为这样，你错过了成为演员的机会，错过了经商的机会，错过了下一站公交车，错过了重新开始的机会。好吧，下一次你还是会发出这样的感叹，还是要为自己错失的机会耿耿于怀。

生活不应该有太多的"太迟"，只要你想做，那么永远都不会太迟。如果你总是觉得很遗憾，总是认为自己没机会做出弥补，没有机会做出改变，没有机会获得进步，那么你就永远无法获得成功。一个认为大势已去的人会认为这件事不值得去做，不值得去尝试，当然也就没有机会进行挽救了。所以，如果你想要认真做好一件事，那么就趁现在去做，就是现在，现在就是最好的开始，没有下一分钟，没有下一秒钟，没有什么来不及，一切都从现在开始。

当然，很多时候情形很糟糕，困难很大，麻烦事一件接着一件，还有那些未知的因素让你感到头痛不已，你的自信被拖垮了，你拿不定任何主意，只能在那里自暴自弃、自怨自艾，你在抱怨时间不等人。可是当你这么做的时候，时间只会一点点流失，困难只会越来越多，你的遗憾也会越来越多。与其这样，还不如立即行动，从这一刻就开始去努力，努力去改变一切。

在哈佛大学中，是绝不允许学生有拖延的想法和习惯的，他们对学生的要求通常都很严格，只要有了想法，那么就应该立即去执行，绝对不能过多地拖延和推迟。在学校看来，有了想法之后，就需要立即行动，因为行动才能将想法和梦想变成现实。如果你总是推三阻四，寻找各种借口拖延，那么机会只能越来越少，成功的希望也会越来越小。

毕业于哈佛大学的文学家爱默生说："一心向着自己的目标前进，行动起来的人，整个世界都为他让路。"艾森豪威尔将军也说："我喜欢那些有想法的年轻人，但是部队里不需要那种只想不做的烂人。"他在军营中明确规定：如果你什么也不准备干，那么就别浪费时间告诉我你想干什么。

好吧，当你还在表示会遗憾和后悔的时候，看看我们身边的那些人，他们都是立即行动派。前国务卿基辛格先生也是哈佛的学员，他向来雷厉风行，办事果决，追求速度，在机会面前绝对不迟疑。当年尼克松还在犹豫是不是和中国建交已经为时已晚，他质疑尼克松拖拖拉拉，据说这位智者在私底下常常嘲笑尼克松是个胆小鬼，这并非空穴来风。他曾经说过不希望自己的司令官因为担心自己的军事策略是否制定得太迟了而拒不开战，所以他气呼呼地对尼克松说："你现在不动手，一旦苏联人和北京重归于好，那你就什么也做不了了。"事实上，后来的故事完全在基辛格的剧本之中，中美两个大国很自然地走到了一起。

所以永远不要担心自己的行动是不是太迟了，不要担心自己没有办法将事情做好，其实只要你敢于行动，能够立即去执行，那么就等于成功了一半。但是如果你还在摇摇晃晃、犹豫不决，还一天天地在老皇历上伤心地数日子，那么你的想法即便再出色，最终也会什么都干不了。

知道自己想要的，摒弃那些不要的

你想要的才是最有价值的。

——哈佛法则

有关志向，多数人的想法就是“做好一件事，做成一件大事”，但很少有人能够明确自己应该去做什么。很多人说“我要成为第二个巴菲特”，这是你的个人目标，谁也没有理由去怀疑你的目标，但事实上你想要成为巴菲特，是因为你喜欢投资，喜欢股票上的刺激和风险，还是因为你仅仅想成为一个有钱人？你知道自己想要什么吗？你如何定义“巴菲特”这个名字？如果仅仅是为了钱，而不是因为你自己真心喜欢巴菲特的工作，那么为什么不去选择其他的行业呢？你可以当一个乔布斯那样的企业家。

当你认真思考之后，也许就会明白，其实巴菲特并不是自己真正的目标，也不是你想要的东西，你只是将他当成了所有成功的典范。如果你不喜欢、不擅长炒股，那么你的巴菲特式的梦想多半出现了问题，你是很难获得成功的，因为你很快会发现自己能力上的缺陷，也会发现很多更适合自己的东西一直在引诱你，很显然你是没有办法在不喜欢的事情上坚持太久的。

“应该如何立志”是一个社会性的问题，事实上，现如今我们和“垮掉的一代”“迷茫的一代”相比并没有本质上的跨越和进步，我们依然沉浸在那些唾手可得的伟大理想中，我们和多数人一样善于做梦，善于将别人的成功嫁接到自己身上。你会想“山姆大叔成功了，接下来会是我”，但你不是典型的山姆大叔，不是典型的英国成功人士，不是典型的亚洲天才，你只有抓住自己最喜欢的、最想要的，然后为之奋斗，才有机会变得与众不同。

哈佛法学院教授德里克·博克是学校里的风云人物，就连美国立法委员会也常常来向他请教，而他之所以能够获得这样的地位，就在于他一直以来都在坚定不移地向着自己的目标前进，他知道自己最需要什么，知道自己应该做什么，对于那些不适合自己的目标，他从来不会浪费半点儿的努力。他认为自己是一个固执的人，从来不做那些自己不喜欢做的事，和那些被自由主义宠坏了的人不一样，尽管也经历过垮掉的一代，但是他实际上更具目的性：“我早已致力于我决心保持的东西。我将沿着自己的路走下去，什么也无法阻止我对它的追求。”这就是他对自己人生的定义，而他也坚定地将这种精神传递给了自己的学生。

如果你知道博克花费了30年的时间才做到了一切，肯定会大吃一惊的，像他这样的人完全可以去经商，去华尔街投资，去成立一家医院，但是他最适合的最想要的就是法律，这种契合度使他花费的那些时间物超所值。他是一个很典型的哈佛式人物，一个成功的哈佛人似乎都具备这种生活态度，那就是明确自己想要的，然后不懈地追求。

直到今天我们可以发现，哈佛学生的就业门路是最广泛的，在其他学校中，多数学生的选择很有限，而且常常集中在几个狭小的门类，譬如公司职员、经纪人、创业者、律师、医生、销售人员、高级工程师、老师、研究人员等等，这些职位是我们耳熟能详的，而哈佛的学生却有很多选择了人类学研究工作，选择了生物学、考古、文学创作和研究。你能想象他们在那些孤岛上没日没夜地和一群海龟打交道吗？

毫无疑问，哈佛人更加真实，更懂得遵从内心的声音，他们知道自己需要什么，而不会被社会思维所绑架，他们一生都可能只为最适合自己的梦想而活着，无论这种梦想是否远大，但最后都会凸显出他们无与伦比、不可替代的个人价值。当然这个过程很可能是漫长的，比起那些更加喜欢顺从社会的人来说，他们的路可能会更加艰难一些，毕竟挣钱并不是太困难的事，而想要获得个人的成功，这绝非易事，没有明确目标的人是难以做到的。

哈佛大学中流传着一句名言："如果你要做喜欢的事情，那么毕业5周年的聚会，最好不要去，因为那时你处在人生最艰难的时刻，而你的同学们，大多在大公司里平步青云。同样的，10周年的聚会，你也不要去。但是20周年的同学聚会，你可以去，你会看到那些坚持梦想和随波逐流的人，他们的生命将会有什么不同。"当一个人为自己的梦想坚持20年的时候，他的成就会慢慢凸现出来。毫无疑问，你在创造个人的品牌，那时候，你的个人魅力和成功都是别人无法比拟的。

大家还记得《哈利·波特》的作者J.K.罗琳吗？这个女人曾经穷困潦倒，几乎是除流浪汉之外全英国最穷的人之一，可是她一直坚持写自己的书。她毕业于名校，却从来不曾想过当一个公司的高级职员或者是律师什么的，她就是想要写书，结果当同学们都在各自的工作中收获财富和地位时，她却被生活逼上了绝路。那时候，很多人劝她改行，找份正当的工作，但是倔强的她拒绝了，还是咬牙坚持下去，直到数年之后，她才获得了巨大的成功。我们知道她的成功是必然的，不是在这一刻，就是在下一刻，不是因为《哈利·波特》，就是因为其他什么名字的书，因为她有一个正确的梦想，还有一颗为之奋斗的心。

我们需要树立志向，这个志向不是社会的，不是大众化的，而应该是个人的，它未必一定和其他人有所不同，但必须是独立的，它适合你，且是你最想要的。树立这样一个目标的好处在于你从来不会盲目地追求，不会迷失自我，而且你的持久性往往会更强。今天，在以年轻人为主体的社会发展模式中，我们更需要建立自己的独特性，我们更要懂得遵从内心的声音，要合理地对待自己的生活和梦想，因为一旦选错了，那么我们也许会错上一辈子。

第二章

法则 2：

思考——三思而后行的人，很少会做错事情

大哲学家康德说："手是用来做事的，脚是用来行走的，但是手脚都受到大脑的支配。"由此可见，想要有所行动，想要让自己的行动方案更加合理科学，想要避免更多的错误，想要提高自己的工作效率，那么最重要的就是多进行思考。在哈佛大学中，人人都非常重视思考，因为思考是前提，是一种约束和控制手段，一旦欠缺思考，问题和错误就可能会泛滥。

没有思考的行动只能收获失败

良好的行动首先应该是想出来的。

——哈佛法则

在如今这个手机大爆炸的年代，苹果、三星、摩托罗拉、微软、联想等相互竞争，想必大家差不多都忘了美国曾经有过一家铱星公司，要知道它曾是世界上最有发展潜力的公司。1987 年，铱星公司的工程师们一觉醒来，就提出了一个近似于梦幻的伟大计划：用 66 颗低轨卫星组成覆盖全球的通信网。不得不说这个想法很具有挑战性，但是有脑子的人都知道这需要花费大笔的钱，所以成本会很高，那么消费者是否愿意掏一大笔钱来抓住那 66 颗卫星呢？

遗憾的是没人去想过这样的问题，偌大的一个公司中，所有人都被这项伟大计划的光环吸引住了，没人愿意认真分析计划是否可行，没有人冷静地思考自己可能面临的困难和风险。结果在一片叫好声中，公司没头没脑地投入了 50 亿美金，但事实上顾客并不愿意为高成本的服务付费，最后铱星公司因为高成本的负债而宣布破产。

哈佛大学的克莱斯教授在向学生们分析这个案例时，用的是一个极具讽刺性的总结：铱星公司用手放卫星，而不是用脑子。这当然是不符合哈佛精神的，在哈佛人眼中，不动脑子的行为都是荒唐的，当然，颇具讽刺意味的是，这位教授先生在讲完这节课后，他的一个学生就犯了类似的错误。

来自加利福尼亚的学生埃里克在化学实验课上临时想到了一个新的试验方法，当然为了尽快展示自己的成果，这位同学自作主张，当场就进行实验，结果差点儿没把实验室给炸飞了。这是克莱斯教授无法容忍的，不是因为错误，而是因为态度，他觉得一个人如果不经过考虑和分析，就盲目去做，那么实际上就是一种对自己不负责任的态度。所以在课后，他冲进教室，非常生气地告诫学生："永远不要将脑子放在微波炉上。"

在哈佛大学中，学生们被灌输的一种想法就是"思考是一种效率"，无论做什么事，都不能够太过草率，而要事先花一点儿时间进行思考和分析，这样会让你的工作更加轻松，所承担的风险也会更小。思考实际上代表了效率、安全、稳定，而这些都是行动中最为倚重的东西。

当然，很多人都没有思考的习惯，都觉得凡事如果太过谨慎、太过胆小了，就没有了意思。这些年，你可能听过各种各样狂妄自大的声音，"我不会将时间浪费在毫无意义的思考上"，"我能行动，代表了我很自信"，"你要让我一屁股坐在那里想那些没用的东西吗？你知道我一分钟要损失多少钱吗"，这就和傲慢自大的西部牛仔一样：看着吧，我会徒手撂倒一头熊的。

但是这些狂人中，可没有几个获得了什么成就，也许一个也没有，他们在股票市场、在赌马场上，在各种投资领域往往亏得血本无归。他们也许都是“实干家”，但都是一些不喜欢用脑的实干家，你没有办法期望他们会成长为巴菲特那样的大师，成为乔布斯那样的天才企业家。

上帝给你一个脑子，可不是让你用来想食物、美丽的女人和钱的，如果你想要让自己的工作做得更加出色，就需要想一想自己应该做些什么，应该怎么做，需要注意哪些问题。多做思考并不是一件坏事，这是一种良好的个人习惯，毫不客气地说，这个世界上从来没有一个莽夫最后成为了成功者。什么人才不用思考呢？就是那些最底层的执行者，还有那些机器，因为别人早就帮助他们设定了程序，他们要做的就是执行。

思考的必要性就在于我们都知道未来是不可控的，总有一些意想不到的事情会发生，你要做的就是尽量消除那些不可控的因素，你要让自己的行动维持在可以控制的范畴内。所以你要做的就是尽量将未来的各种可能性做一番分析，要对各种风险进行评估，要制订非常详细的行动策略和规划。

很多人都说现在的年轻人缺乏实干性，结果年轻人往往过度专注执行和行动，而忘记了自己是否应该多花一点儿时间来想一想自己的行动方案。这些孩子需要接受更高等的教育，需要接受更高级的培训？不，我们没有理由要求他们去达到什么样的标准和高度，其实他们最缺乏的是一种自我克制的能力，而这种能力其实很简单，那就是多做思考，凡事静下来想一想，那么问题自然会被一个个找出来，至少你不会太过冲动行事。

10 年前，哈佛大学邀请金融巨鳄索罗斯来演讲，这位臭名昭著的投资大亨总是像一根搅屎棍一样将全世界各地的金融业搞臭，但是对哈佛来说，他的个人能力和成就是足够吸引人的。所以学生们都迫不及待地向索罗斯讨教成功投资的秘密，这位喜欢冒险的投资大师只说了一句很简单的话："在做出决定之前，你要多给自己一分钟的时间思考一下，冷静，冷静，再冷静。"是的，我们都需要在行动之前多做一些思考，只有把问题想清楚了，只有把风险排除干净了，我们的行动才会更有效率。

养成一种质疑能力，不要糊涂地乐观

在一个正确的命题面前，你要做的不是验证它的正确性，而是尽量想办法看看能不能证明它不成立。

——哈佛法则

现年75岁的安德鲁教授是研究人类学的专家，可以说是这一领域的权威，他的所有理论几乎都被奉为圭臬，即便只是看一看他的弟子们，你就知道他有多么专业、多么权威了。有一次他谈起了自己在哈佛大学的一个经历，那一次他应邀去哈佛演讲，谈论人类进化之谜，当时安德鲁教授估计人类很可能会在几百万年内消失，或者是进化出另一种形态。

台下的学生听得都很入迷，但是有一个学生突然站起来说："尊敬的教授先生，我觉得人类有自己的进化方式，所以我觉得您的猜测很可能不成立。"

安德鲁教授扶了扶眼镜框，笑着反问说："你这是在质疑我吗？你在质疑一个教授？你知道我是谁吗？"

学生恭敬地回答说："是的，先生，我知道您是一位德高望重的人，但现在，在这里，在这个问题上，毫无疑问，您的理论是不完全能站住脚跟的。因为随着科技的发展，我相信人类的进化可能会被技术所改变，所以您所说的消亡或者大变异，我觉得不一定会出现。”

安德鲁会心地笑了：“你所说的不一定正确，但是我很欣赏你敢于质疑的态度，好吧，现在咱们谁也说服不了对方，还是等到几百万年后再来评判吧！”

安德鲁事后回忆说，这是他那么多年以来，第一次听到反对和质疑的声音，他说这很难得，因为一旦当所有人都认为你的想法是正确的，你就很可能会犯错，至少你没有办法更进一步去完善自己的想法了。我们不敢说安德鲁先生在哈佛大学折了面子，但是哈佛的学术气氛还是让他刮目相看的，尤其是那些质疑的声音，完全给各种辩论和理论注入了新的活力。

安德鲁先生在谈话中强调了人们思维的统一性和惯性，这是人们的一个缺陷，比如我们在生活中接触到的那些决策方法大都具备一个共性，就是少数服从多数。我们总是天真地以为多数人认可的东西就一定是正确的，认为没有人质疑的计划是非常可行的，可严格来说没有人质疑并不代表就不会出错。与此相反的是，当事物全部趋于统一的时候，往往会形成巨大的真空地带和漏洞。

事实上，人与人之间的思维情感都具有传染性，这一点在那些电视节目的嘉宾那里表现得再明显不过了。就像那些可笑的民主决议和大众表决一样，当你身边有人举起手时，你也会被迫举起手，接着这个举手动作会发生传递，很快就会有更多人响应这一点。而当多数人都举手时，你会认为自己举手是一种正确的表现，因为没有人会质疑你是否做错了什么，你也会乐观地对待这次的表决。

所以很明显，当人们在公司中对某项决议进行讨论时，一旦没有人对此提出异议，那么大家就会觉得事情很圆满，觉得这个计划非执行不可，到了最后没有人愿意动脑子浪费精力来怀疑什么，对他们来说，哪怕用屁股也能想明白这是怎么一回事了。

当然也有人是天生的质疑者，他们对于生活常常持怀疑态度，不会轻易被迷惑。为了确保决议更加科学、合理、安全，很多人开始在公司内部尝试建立一种质疑和反问的机制。比如一位叫巴科夫的年轻人就开始了自己的实验，这位来自哈佛的企业家在公司内部推行了一个新型的讨论模式，那就是在每10个人当中，必须要有人对大家的某个决议提出质疑。巴科夫认为："如果一个团队中，有10个人都举双手赞成某个行动，那么你就要小心了，因为大家可能陷入了狂热的状态。"为了防止出错，为了防止大家盲目地乐观，那么最好的方法就是在这10个人中找出提出反对意见的人。

我们要知道巴科夫推行这个方法并不是纯粹为了没事找事、打发时间，而是为了确保讨论能够更加客观、全面和理性。事实也证明了这一点，在巴科夫的公司中，很少出现决策性的失误，而且公司的发展运营情况一直非常好。现如今这种方法正在被越来越多的欧洲公司接受和应用，效果还很不错。

事实上，质疑并不困难，也并没有什么敌对或者干扰的意思，而是一种更为负责任的做法。在哈佛大学中，有一个非常重要的招生标准，就是所谓的"四个半"，"四"是指学术水平、批判精神、创新能力、解决问题的智慧，另外半个则是指学习的目标和动力。在哈佛人看来批判精神很重要，而批判精神实际上也是一种质疑精神。据说，哈佛大学在招生面试的时候，考官们常常会给学生提供错误的答案来进行误导，看看学生是否能够反应过来，并加以质疑。当然，考官也随时欢迎学生对一些正确的答案提出质疑。学校认为这么做很有必要，能够帮助学生建立起自己的独立思维方式。

我们需要质疑精神，尤其是那些年轻人，他们对于生活能够保持更多的好奇心，而且没有被过多的世俗思维所限制，因此有很大的潜力去挖掘新的内容、新的方法。这些人需要养成质疑能力，需要更多地去批判和质疑生活，质疑前人所创造的生活模式，只有这样，他们才能够超脱束缚，发现生活中的可能性；只有这样，这个社会才会不断进步。

不断思考才能不断前进，没有思考终会被取代

思考是创造未来的前提。

——哈佛法则

哈佛大学的威尔多是空气动力学方面的专家，他一直致力于如何让飞机飞得更快更平稳的研究，他曾经参与过美国战机 F-35 的研究制造，曾经参与过对波音客机的改进工作。2003 年，他将自己最新的研究成果公布出来，立即引起了美国国防部和空军的再次关注，大家都认为威尔多的研究将会成为空气动力学上又一个突破。

在功成名就之后，威尔多成为了该领域的领头羊，但是他至今仍然没有放弃继续思索，没有放弃继续提高飞行速度和稳定性的研究。在他看来，几乎每一个人的思维实际上都被束缚在现有的认知范围之内，因此我

们所能想到的只是某种认知范围内最好的东西，却没能超脱出去，其实当你超越现有的范围去想问题时，就会发现进步的空间还很大。他觉得自己如果不继续摸索和思考，那么很快就会被淘汰。

我们大概弄不清楚有多少类似于威尔多这样孜孜不倦的人，但是毫无疑问，正是这样喜欢不断思考的人存在，我们的社会才会处于不断的进步之中。我们所能够知道的一个惨痛教训就是，当印第安人一直沉浸在古老的美洲文化且原地踏步时，世界正在发生天翻地覆的变化，所以英国人、西班牙人、葡萄牙人轻易就征服了这里，几乎杀尽了所有的土著人。很显然，这些欧洲人每天都在思索如何进步、如何变强，如何打造更强的战斗力。尽管他们的文明起步相对要晚一些，而且似乎长期落后于亚洲文明、非洲文明和美洲文明，但这个世界最终被他们所改变。

对于一个成功人士而言，他最大的障碍往往不是没有办法获得成功，而恰恰是获得了成功，因为没有成功之前，他会想办法去进步，但是一旦获得了成就，就可能原地踏步。他们当然有权利去享受现有的一切，但事实上这种享受很容易麻痹他们的思维，麻痹一个人的进取心。这就是为什么世界上很少有人能够第二次获得诺贝尔奖。我们知道当一个人在某一领域获得成就时，他的进取心会受到限制，他将没有办法再次获得更高层次的突破。

当年居里夫人获得诺贝尔奖之后，媒体问她最希望得到什么东西，她很坦然地说："自由以及思考的勇气。"是的，她需要更多的自由来支配自己的生活，同时也需要更多思考的勇气来继续自己的研究，很显然，最后她第二次获得了诺贝尔奖。无独有偶，当大家询问霍金最害怕什么的时候，这位天才的物理学家很悲观地说："害怕有一天大脑不再能够思考。"

哈佛大学常常会采用一种很另类的教育方式，学校会给学生出一些比较灵活的题目，然后让学生们想出解决的方法，几天之后，学校会要求学生想出更好的方法来解决问题。等过了一段时间之后，学生们还会被要求，看看能不能想出比前两次还要好的方法。经过一次次的试验，学校坚持让学生们动脑子，直到想不出来办法为止。

这种先进的教育理念实际上源于古希腊的哲学大师苏格拉底，他和学生们每天都要经过一条河，由于河水很深，一个人很难渡过去。苏格拉底于是让学生们每天都想出一个更好的渡河方法。一开始大家手挽手，接着用拐杖做支撑，之后制造了木筏，后来大家在河岸两边拉起了缆绳，最后又想办法建造了一座桥。很显然，大家渡河的方法越来越多，而且也越来越容易。

事实上，哈佛大学之所以能够长时间都成为世界上最好的学府，并不是因为它资金雄厚，也不是因为它历史久远，而是因为它总是在不断研究新的、先进的教学方法，总是思考着如何才能引领时代潮流。哈佛的成功在于它总是不断为自己注入新的活力，因为它知道一旦自己不思进取，就会被其他学校超越，就会渐渐沦为平庸。

可以说从第一任校长伊顿牧师开始，每个校长的使命就是思考着如何将哈佛越办越好，正因为这种良好的思维传统能够延续下来，所以哈佛才能够越办越好，才能够为世界输送越来越多的人才。它这样要求自己，自然也会这样要求自己的学生，“不要停止思考”，就是哈佛大学的重要法则之一。学生们在学校里不仅仅是为了学习更多的知识，要知道知识是永远学不完的，关键是要懂得学习的方法，要懂得坚持思考，只有思考才能创造机会，只有思考才能不断进步。

毕业于哈佛大学的美国总统罗斯福老是喜欢低着头，有人问他为什么喜欢低头，他说自己正在思考，思考如何当上议员。当上议员之后，他仍然低着头，别人问他为什么这样，他说正在思考如何当上总统。当他当上总统后，还是低着脑袋，以至于别人说："毫无疑问，我知道您正在思考如何连任。"罗斯福笑而不语。我们每个人都需要多做思考，需要设想更多的可能性，需要不断完善自己的想法，只有这样，才能够永远保持竞争力和活力。

提出一个问题比解决一个问题重要

问题应该在思考的时候被发现，事后才解决问题永远都是不明智的做法。

——哈佛法则

在哈佛大学中，有个老教授经常会给自己的学生出难题，不仅如此，他还要求每个学生每天都对自己提出 3 个问题，然后附上解决的方法和方案。一开始大家都对这个讨人厌的家伙感到不满，毕竟他们没有多少时间花费在这种自问自答的幼稚游戏当中。但是到了后来，学生们渐渐发现，生活中常常会遇到一些自己曾经提过的问题，很显然，他们早就知道了如何去应对。

那么你是否经常会给自己出难题呢？是否经常给自己设定问题呢？你大概是一个不愿意多做思考的人，你是一个不愿意浪费时间想一些未知事情的人，或者说你对自己的未来发展毫不感兴趣。从某些方面来说你很潇洒，但事实上你对生活不够负责，你是一个过度专注眼前而忽视未来的人。

难不成，你从来没想过生活中可能会存在什么风险吗？那么我们有必要讲述一下9·11事件。大家都知道纽约世界贸易中心双子座曾经是纽约的地标性建筑，许多公司都将总部办公室设在这两座大楼中，可以说这两座大楼曾经是全世界最值钱的大楼，当然为了确保自己的工作能够更加安全，这座大楼的保护措施非常严密。但是即便如此，在2001年9月11日，恐怖分子还是驾机撞向了这两座大楼，结果引发了巨大的灾难。

暂且不论这场灾难夺走了多少人的性命，单单是给那些跨国公司造成的巨额损失就无法估量。比如灾难发生后，大多数公司的有效商务数据以及客户资料瞬间化为乌有，可以说公司以及公司的客户几乎遭遇了毁灭性的打击，正因为这样，在短短的几个月内引发了很强的连锁效应，很多公司从此一蹶不振。

不过，同样设在世贸中心的一家超级公司——摩根斯坦利公司，却很好地躲避了大楼倒塌造成的致命危害，当灾难发生之后，很多公司都忙着恢复和寻找数据，而摩根斯坦利公司则在袭击第二天就顺利地进入了正常工作状态。其商务信息、数据以及重要的相关资料都保留完整，没有过多受到9·11事件的影响。

当然，摩根斯坦利公司之所以能够逃过一劫，关键就在于采用了一种叫作“远程灾难备份系统”的设备，而建议使用这个设备的正是一名来自哈佛大学的工程师。当时，公司都认为只要建立一个内部的数据存储库就可以了，毕竟在互联网非常发达的年代，这样做非常方便，而且能够节省成本。当然，最重要的是公司里几乎所有人都对保安工作非常有信心，而且也不担心资料会损失。

但是这位来自哈佛的工程师提出了一个问题：如果所有的电脑设备和数据库全部损坏了，那么公司该如何提取那些遭到破坏的信息？这个问题犹如一把尖刀深深刺痛了高层的心，尽管他们知道这种假设的可能性很小，而且几乎不可能出现，但是出于安全的考虑，他们最终还是考虑和分析了工程师的问题，然后便使用了“远程灾难备份系统”的设备，设备每天都会同步地将那些重要的、有效的数据完整无缺地传送到离公司几英里外的一个办事处，最终它们自然顺利躲避了灾难。

事实上我们常常陷入类似于在黄石公园捕杀狼群的恶性循环中，当狼群越来越多时，为了确保鹿的生存环境，我们开始大肆捕杀狼，等到狼被消灭了，发现鹿变得病怏怏的，反而消失得更快。这时候我们又重新开始引入狼群。其实如果一开始就明确如何维持狼群和鹿群的生态平衡，那么就不用费那么多的周折。

我们总是等到问题出现了才想到如何去解决，但是这时候往往会很棘手，因为这些问题往往只有变得非常严重才会引起我们的注意。其实最聪明的方法并不是寻找解决问题的方案，而是努力去寻找问题，只要事先寻找各种问题，只要事先分析这些问题所具有的潜在的风险，那么就能够从源头上断绝危险。

对于多数人而言，提出问题比解决问题要轻松多了，实际上这也更加重要。著名的科学家爱因斯坦曾说：“提出一个问题往往比解决一个问题更为重要，因为解决一个问题也许只是一个数学上或实验上的技巧问题，而提出新的问题、新的可能性，从新的角度看旧问题，却需要创造性的想象力，而且标志着科学的真正进步。”提问题实际上是一种对未知世界的探索，往往能够引发更多积极的行动。

当所有的人都在试图证明地球才是宇宙的中心时，哥白尼却在思考地球是不是围绕着太阳在转动呢；而当大家在证明太阳才是宇宙的中心时，有人在思考太阳会不会只是宇宙中一个渺小的部分，所以当新的问题越来越多时，人们的视线开始越来越开阔，开始追求和探寻越来越远的地方，这样才会引发太空的探索活动，才会促进太空科技的不断发展。

提问题实际上为我们的生活和认知提供了更多的可能性，无论这种可能性是不是存在，最终都引导我们去探索，引领我们一次次做出变革。在哈佛大学中，这就是一种主动的学习方式，我们主动去挖掘问题，才能够最大限度地激发自己的想象力和创造性，才能够不断获得突破。

第三章

法则 3：

行动——决定成败的关键因素不是思考而是行动

决定结果好坏最重要的因素是什么？是行动，行动质量往往决定了我们办事的效率和结果。这个世界固然需要好的想法，需要好的思想理论来进行指导，但是一流的执行力才是最最关键的要素，执行力不行，那么即便是最好的想法，也不会带来什么好的效益。所以哈佛人的原则就是“行动至上”，对他们来说，执行力永远是成功路上最关键的一个环节，确保一流的执行力是每个学员必须要做到的事情。

永远不做语言的巨人、行动的矮子

你所说的话应该为接下来的行动负责，当然你所有的行动都要为自己的话负责。

——哈佛法则

说起执行力，我们习惯了从欧美那些成功的企业家身上寻找影子，但是很多来自东方的企业家实际上也具有独特的魅力，比如说中国，在中国这个更加注重语言表达的国家，那些实干的企业家其实更加难能可贵。近些年来风生水起的阿里巴巴掌门人马云就是一个坚定的行动主义者。这个来自东方国度的小个子创造了电子商务史上的诸多奇迹，很重要的一点就是，他从来都是一有想法就付诸实践的人。他说过的一句话其实更应该引起我们的关注："我看见很多游学的年轻人，都是晚上想想千条路，早上起来走原路。"

毫无疑问，这样的通病似乎是世界性的，我们常常可以听见周边的那些人兴致勃勃地谈论自己的理想，听上去就像是话剧台词一样：是的，我想成为明星，我想打造自己的商业帝国，我想成为一个科学家，我想要写作……不得不说，每一个梦想的种子都很饱满，但是多数人很可能根本就没想过要去播种，这些老调我们已经在各类选举中听得多了，以至于我们觉得没有人去践行它是正常的。

很高兴我们每天都活在梦想之中，都有着一大把的梦想等着放飞，我们可以为这些梦想列一个长长的表单，或者写一本诸如《我的一百个梦想》之类的书，那一定很美妙。但是你真正去做了吗？相信我，这句话绝对会让多数人感到发疯和难为情的。在这个世界上建立一个梦想很容易，但是这不是在幼儿园里编讲童话故事，不是比谁的故事更加精彩，你需要的是实践，是行动，是将梦想变成现实的一个过程，空谈理想可不会有人奖励你一块糖果什么的。

多数人都有一张漂亮的嘴巴、充满弹性的舌头，还有那充满磁性的嗓音，但是你的手不能永远插在裤兜里，你应该做点儿什么，为了你所说的那一番话，你就该主动做点儿什么，而且是尽快去做。曾经的哈佛大学校长艾略特在某一次新生入学典礼中对着广场上的学生们大喊：“我不想知道你们想要什么，只想知道你们做了什么；我不想听你谈论什么理想和价值观，我只希望看到你们每个人都在行动中释放出自己的价值。”他认为哈佛如果仅仅依靠这些高高在上的梦想，那么早就该倒闭了，如果学生们仅仅是来做梦的，那么也可以趁早滚蛋了。

所以哈佛非常重视学生执行力的培养，在这一方面我们所能想到的也许是美国的西点军校，但是哈佛大学仍旧做到了它所能做到的最好程度。很多时候，导师们会让学生尽可能多地写下自己的理想和目标，然后过一段时间再让学生看看自己做到了几条，自己完成了几个理想。很显然，那些什么也没做到或者什么也没去做的学生会感到羞耻，但这并非是为了侮辱和嘲笑他们，而是为了让学生意识到行动的重要性。

他们也许应该像美国探险家约翰·戈达德那样，这家伙曾经给自己定下了127个宏伟的志愿，44岁的时候，他已经历尽艰险顺利完成了其中的106项，这是非常了不起的成就，而此后他仍然在不停地挑战自己，争取完成自己所有的心愿。不要说戈达德是个天才，不要觉得他是一个异类，你其实也能做到，当然前提是你有一颗行动者的心，你愿意背负着梦想迈步前进。

其实，一个人不用去实践自己全部的梦想，说实话你也不能完全做到。哈佛大学曾经做过调查研究，发现那些成功人士通常也只完成了不到1/2的目标，也就是说他们最终放了一半的鸽子，当然这完全和个人的能力、精力、时间、工作的重点有关，很多时候，那些暂时不重要或者做不到的就只能往后推了。但是至少人家成功实践了一半的理想，而你是否愿意为这一半的理想去打拼呢？

对于年轻人来说，做到一半的要求并不是什么非常困难的事情，只要我们有行动的决心，那么多数的梦想都是能够变成现实的。这个世界不是依靠嘴巴来办事的，而是要靠双手来完成工作，你的行动决定了你的未来，什么也不做，那么什么梦想都只是空想。

法国思想家伏尔泰也说：“人生来是为行动的，就像火总是向上腾，石头总是向下落。对人来说，一无行动，就等于他并不存在。”美国总统肯尼迪也认为：“最大的危险就是无所行动。”这位来自哈佛大学的总统完全继承了哈佛的行动派风格，他是一个实干家，和其他那些总统一上台就夸夸其谈地谈论自己的构想不同的是，他很少谈论那些空洞的东西，而是谈论之后会立即着手去做。他曾经说过：“美国人选一个总统不是让他吃饭、喝咖啡，然后大谈那些难以实施的国家政策的．人民的总统应该是一个执行者。”

很显然，我们也不能拿自己的梦想开玩笑，不能随意就践踏自己的梦想，既然你有梦想，那么就要想办法在生活中真实而完整地呈现出来，正如马克·吐温所说：“睡在铺盖里做梦的乞丐是没有办法吃到丰盛的食物的。”

机不可失，失不再来，赶紧行动

立即行动，不要寻找延迟的借口。

——哈佛法则

在南非的塞伦盖蒂大草原上，每年都会上演惊心动魄的大迁徙，数以百万计的角马为了寻找青草和雨水，会组成大军北上迁移，不过沿途它们必须经过马拉河，河对面就是水草丰美的天堂世界。当然马拉河里面有大量的鳄鱼躲在那里守株待兔，而身后则是尾随着它们的大军——狮子和其他猎食动物，在前后夹击之下，角马必须在最短时间内做出抉择。所以当角马大队伍到达河边时，如果有一只角马率先跳入水中，那么其他角马就会接踵而至跃入水中。原因很简单，因为渡河的角马越多，自己生存的机会就越大，所以和大队伍一起渡河往往是最佳的机会，如果犹豫不决的话，很可能会遭遇更大的危险。

这是动物世界里的生存游戏，人其实也会面临类似的游戏，而游戏的制胜规则依然是“立即行动”，这一点在哈佛人眼中非常重要。曾经在哈佛大学深造的维娜曾经说起自己的经历，当时她想要竞选某社团的主席，不过她担心自己能力不够，所以一直犹豫不决，她的导师了解情况后，对她说：“当豹子发现猎物时，它们一定会选择出击的，至于失败或者成功，它们从来不会去想，只要把握机会就行了。”维娜于是立刻去报名，结果等到竞选那天，她发现很多人都是能力普普通通的新生，只不过大家都选择立即下手。那一次，维娜如愿竞选成功，她自己也承认，如果当时没有立即行动，那么也许一辈子也担任不了这个职位。

哈佛大学的教育理念就是勇敢把握现在，现在就是唯一的机会，要把每一次机会都当成唯一的机会来对待，所以一旦有了机会，就不要犹豫、不要拖延，要立即行动。在哈佛大学中，虽然教育水准很高，但是令人吃惊的是，这里的学生通常都是全世界最勤奋的学生，相比于其他很多学校里拖拖拉拉的作风，简直让人难以想象。要知道哈佛的学子从来没有想过将事情往后拖，他们几乎不敢想象将所有的功课都安排在第二年、第三年。对他们来说，如果想要成为世界上最好的学生，那么就要立即向着这个目标出发，就要立即投入到辛苦的学习当中去。很显然，这就是哈佛之所以成为哈佛的原因。

几乎每一个哈佛学生都会听到一个有关伏尔泰的故事，据说哲学家伏尔泰曾经对众人说起一个谜题：世界上什么东西是最长的，也是最短的；是最快的，也是最慢的；是最容易分割的，而又是最广大的；是最不受重视的，而又是最令人惋惜的；没有它什么事也做不成；它使一切渺小的东西归于消灭，使一切伟大的事物生命不绝。

聪明的查帝格给出了答案，那就是“时间”。首先时间无穷无尽，所以最长，但我们常常什么也没做，时间就已经过去了，所以它也是最短的东西；对于快乐的人来说，时间往往过得很快，而在那些等待的人看来，时间则过得很慢；时间可以被细分，被切割成每一年、每一天、每一分、每一秒，当然时间没有尽头，所以广大无边；时间未到时，大家都不会重视，而等到时间失去之后，又开始追悔莫及；没有时间，一切行动就是空谈；时间能够埋没那些微不足道的事物，而伟大的东西则会在时间中绵延下去。

学校希望每个学员都可以重视时间，都能够把握眼前的每一分钟，只要有了想法，只要出现了机会，就要尽快去做，只有这样才有机会把事情做好，才有机会把握住发展的机会。富兰克林说过：“把握今天等于拥有两倍的明天。”比尔·盖茨也说：“想做的事情立刻去做！当‘立刻去做’从潜意识中浮现时，立即付诸行动。”而Facebook的创始人扎克伯格说：“我很庆幸的是那些比我先想到好点子的人没有立即去动手。”当然，这只是他的谦辞，但至少证明了他是一个善于把握机会的人。当年他也是大学里的尖子生，当然，为了创业，他决定效仿盖茨先生，于是立即决定放弃自己的学业，然后一心一意创业，最终的结果是他成了年轻一代中最成功的有钱人。

也许你当初真的想到了创立一个类似于Facebook这样的公司，也许你的想法比扎克伯格还要更完美，但是很不幸的是你什么也没做，你只能眼睁睁地看着机会从身边悄悄溜走。还记得那位发明电话的贝尔先生吗？实际上从史料来看，这位先生并非是第一位发明电话的人，至少如今越来越多的人怀疑这一点。这并非是对贝尔先生的不敬，但是事实就是如此，当年实际上还有一位科学家差不多在同一时间发明了电话，但是这位粗心的先生大概没有立即想到自己应该去申请专利，我们只能猜测也许是他太激动了，也许是他认为晚一两天也没什么事，或者是他觉得自己应该吃饱饭好好休养一下，再容光焕发地去申请专利。就是因为拖延，他才失去了“电话之父”这样的头衔，而贝尔先生显然更加注意时间的重要性，他当天就去申请了专利。

两个人前后申请专利的时间相差了一天，而恰恰是这一天改变了电话发明专利的归属权，贝尔将自己的名字刻在了人类科技史上，而另外那个科学家则被人遗忘在了历史的角落。其实像这样的与成功失之交臂的事情几乎数不胜数，你之所以没有像别人一样获得成功，不是因为能力不行，不是因为想法不够出色，而是执行力太差，你没有立即去行动，没有把握住时间，所以最后生活也和你开了个玩笑。但试想一下，生活会愿意和你开几次这样的玩笑，而你又开得起几次这样的玩笑呢？所以，凡事都不要拖延，要永远记得在第一时间展开行动。

等待只会让你丧失那注定的成功机会

选择继续等待只会让成功和你擦肩而过。

——哈佛法则

春天到来的时候，农民都忙着播种，有个农夫却非常休闲地到处闲逛。邻居就非常好奇地问他：“你怎么不在田里播种呢？”农夫振振有词地回答说：“今年的天气看起来很干燥，我担心不会下雨，那到时候我的庄稼不就全部枯死了吗？所以我还是等一段时间再看看。”这个人接着问：“那你可以尝试着种一些棉花。”农夫依然摇头，他说：“如今这样的天气真是反常，估计虫子肯定会很多，我害怕辛辛苦苦种下去的棉花会被虫子全部吃干净，还是再等等看吧。”等到了秋天，别人都在农田里收割庄稼时，农夫依然坐在那里等待好天气。

我们在嘲笑农夫的时候，其实没有意识到自己很多时候就是这个农夫，我们也习惯于等待，习惯于万事俱备才动手。据我们所知，美国每年大约都有 7.5 万人成天无所事事，他们所做的事就是等待，等待那些最好的就业岗位，等待着金融市场好转，等待着房价趋于平稳，等待着政府出台更有利于自己的救济政策。这些人完全没有主动去做出改变，没有想办法在经济困难时期去寻找机会。事实上，政府每年都在想办法增加就业机会，但是每次提供就业岗位后，总是收效甚微，因为没有多少人愿意上岗，很显然他们在考验政府的耐心，希望接下来能够得到更多，可是到了最后发现情况越来越糟糕。

很多人都是十足的机会主义者，他们自以为对各种博弈手法了如指掌，总是妄想着可以等到一个更好的机会，但是等待除了给他们带来更多折磨之外，似乎并没有带来什么改变，最后他们甚至还会错失那些可以把握住的机会。

哈佛大学曾经做过一个有趣的实验，他们先选中 10 个人，让他们保持空腹状态，然后安安静静地坐在封闭的房间里，然后承诺会让人分批给他们送去食物，但是每个人只能吃其中的一份食物。结果第一批人送来的是鸡蛋和玉米，这时候没有人动手，第二批人送来了比萨，这时候还是没有人愿意品尝。接着第三批人送来了汉堡和鸡腿，这时候这些人开始感觉到饥饿，都抑制不住吃食物的冲动，但最终还是忍耐住了。第四批人很快到来，然后端上了烧鸡和葡萄酒，测试者开始感觉到肚子里一直咕咕咕地叫个不停，可是看着食物越来越好，他们认为后面肯定还会有更好的食物等着自己去享用，所以咬咬牙都拒绝了眼前的美食，继续耐心地等待。可是十几分钟过去了，第五批人仍旧没有出现，几个人开始焦躁不已，但还是强忍着继续等待。又过了十几分钟，房门终于再次打开了，可是送食物的人手上空空如也，什么也没有，测试者非常疑惑，这时候，送食物的人礼貌地问大家："食物已经送完了，请问还合你们的胃口吗？"几个测试者面面相觑，为自己没有吃掉那些食物而后悔不已。

哈佛大学的心理学导师乔伊认为这不能单纯地用贪婪来解释测试者们的心理活动，其实最准确的描述应该是"惯性等待"，乔伊认为每个人都有等待的惯性，总是觉得下一次会更好，总是对未来抱有美好的幻想，可事实上生活有时候只是一种随机的选择状态，下一次的机会未必会更好，而你的等待很可能会因此而扑空。

正因为我们常常都太喜欢等待，都对将来抱有太大的幻想，以至于在等待中白白错过了很多机会。其实，机会从来都不是等来的，而是需要我们自己主动去把握，只要感觉机会很好，那么就要及时出手，不要总是抱着"还有下一次"的想法。就像拉斯维加斯那些专门碰运气的赌徒一样，至少高达 99% 的赌徒都是抱着"下一把必赢，或者下一把会赢得更多"的心态而选择继续坐在那里，最后你可以看看，整个美国大约有 90% 的赌徒都在往外掏钱，而 37% 的人则几乎倾家荡产。

等待并没有给他们带来什么好运气，反而将他们原先的那一部分运气全部浪费掉了。莎士比亚说："好花盛开，就该尽先摘，慎莫待，美景难再，否则一瞬间，它就要凋零萎谢，落在尘埃。"既然你有机会获得成功，那么就不要轻易放弃这样的机会，未来也许会更好，但没人可以保证一定可以更好，把赌注押在继续等待上，这是完全不合算的。

你之所以觉得下一次会更好，只是因为你对现状还不是很满意，你希望生活还能进一步完善，还能进一步补偿你。所以当比萨上面涂上番茄酱、乳酪、香料、橄榄油、芝士、馅料之后，你却还想等一份加上蜂蜜、蓝莓和其他更高级的食材的超级比萨，可是你是否真的足够幸运能够吃到这些东西呢？记得海尔总裁张瑞敏先生曾在哈佛大学讲过这么一句话："如果有50%的把握就上马，有暴利可图；如果有80%的把握上马，最多只有平均利润；如果有100%的把握才上马，一上马就亏损。"

所以年轻人要善于把握眼前，要善于珍视自己所能把握住的任何机会，不要等到条件全部具备了才开始行动，也不要妄想所有的事情都能够满足自己的心意，当时机比较成熟时，就应该主动出击。过多地等待只会让你错失机会，最终可能一无所获。

敢于行动，就能创造别人创造不了的奇迹

所谓的奇迹只不过是做了大多数人都不敢去做的事情，并且做成功了。

——哈佛法则

哈佛大学曾经将福特纳入自己的教材之中，除了福特公司特殊的经营和管理模式吸引人之外，福特的人格魅力也是大家津津乐道的内容。哈佛大学的教材在形容福特的为人时，曾经这样描述："一个狂飙突进的天才

企业家，没有什么是他不敢去做的。”

比如当V6发动机普及的时候，福特某一天突然产生了一个疯狂的想法，那就是在引擎中安装8个气缸，这在当时的技术条件下，简直就是不可能完成的任务。工程师都认为福特大概只是说说罢了，要想真正实施，肯定是不可能的，但是福特却大胆地进行试验，而且不达目的决不罢休，结果经过无数次的失败之后，这个狂人还是完成了这件不可能完成的事。

大胆行动成为了福特身上的一个明显特征，而这也迎合了哈佛精神，在哈佛的教学理念中，学校常常鼓励学生去挑战那些看似不可能完成的事情。有一次，一位老师给学生布置了一系列荒唐的课外作业，他让学生说服校长当面罚抄“哈佛大学”100次，然后让美国总统小布什寄一张相片过来。

事实上，多数学生都没有动手，因为他们不知道该如何动手，可以说这简直是不可能完成的任务，但是有一个叫戴维的小伙子却顺利完成了任务，他花费了两天的时间说服了校长“配合”自己的工作。之后他又给小布什寄去了一封信，信中他非常真诚地恳求得到一张小布什先生的近照，最后也顺利完成了任务。

最后所有人都觉得吃惊，都惊讶于戴维到底是如何做到的，戴维只是轻描淡写地说了那句名言：“我做了，所以我成功了。”而那位老师经过调查才发现，实际上只有戴维一个人真的着手去执行了，而其他人因为觉得这样的任务显然不可能完成，所以一开始就没打算动手去做，所以没有获得成功。

事实上，生活往往就是如此，当我们想要做一件难度很大的事情的时候，总是会产生恐惧心理，我们担心会失败，担心自己会受到伤害，担心遭到嘲笑，可是成功学的导师拿破仑·希尔说：“一个人做错事情并不可怕，可怕的是他不敢轻易去做或者犹豫不决，这往往比一切坏的后果更加糟糕。”

而真实的情况往往是，困难并不像我们想象中的那样不可征服，其实只要你勇敢去做、去行动，就会发现自己是有解决困难的能力的，是有能力创造奇迹的，而所谓的奇迹实际上就是做那些没人做过的事情，做那些别人不敢去做的事情。

在“二战”即将结束的时候，盟军大举进攻柏林，结果和德军发生了激烈的巷战。某次，美国的一个小分队被德军包围起来，当时队长认为可以尝试着来一次突袭，兴许能够突破包围。但这个计划遭到绝大多数人的反对，没有人敢执行这个计划，他们情愿等待大部队的救援。

很快就有人向总部发电报求救，而且联名抗议队长的一意孤行。巴顿将军看到电报后气得火冒三丈，他咆哮着：“你告诉他们，这里不会派过去一兵一卒，军人来这里不是为了保住小命的，这些狗娘养的，看来他们还不知道什么是战争。”由于巴顿将军不肯出兵救援，小队成员只能果断发起突袭，结果顺利突破包围圈。回来之后，巴顿将军拍了拍众人的肩膀说：“这才是我的士兵。”

很多时候，你认为任务不可能完成，认为任务很困难，实际上只是因为自己没有去尝试而已。你没有胆量去行动，自然会越想越害怕，其实当你想办法行动起来，就会发现自己是有能力做出改变的。当年莱特兄弟准备造飞机的时候，他们的邻居嘲笑说：“我不认为这些没有羽毛的东西会在空中飞来飞去，我觉得你们应该建造一根又大又轻的羽毛，这才是正经工作。”但是后来呢，这两个“傻”兄弟最终做出了飞机，而他们的邻居则成了史上最大的笑话之一。

事实上，做了才能解决问题，你不去尝试怎么会知道自己能不能做到呢？从前有很多人认为徒手根本无法横渡英吉利海峡，但是游泳健将们很快打破了这个传言。同样，当施瓦辛格宣布竞选加州州长的时候，大家都嘲笑这个肌肉男是不是疯了，他们觉得让一头犀牛或者棕熊去参选也要比这位曾经的健美先生更好一些，但实际上他做到了，而且现在他正在谋划着竞选总统。拳王阿里年轻的时候，大家都劝他不要打拳击，但是他根本就不害怕，反而坚定地去练拳，而且还主动挑战世界拳王弗莱奇尔，虽然他被揍得找不着北，但是他对所有的朋友说自己一定会卷土重来，然后成为世界上最好的拳王。很显然，他很快投身到训练之中，并迅速成长为顶级的拳手。

“你去做，你才能做到。”这句话可是老掉牙的说教法则之一，但你不能否认这样的事实，你并不比任何人差，你唯一欠缺的很可能就是行动力。你总是在想：我应不应该去做这件事，我能不能做好这件事，我值不值得做这件事……最后你当然什么事也做不好。

工作需要行动而不需要各种借口

一流的执行力不需要为行动寻找任何借口。

——哈佛法则

曾经风靡全球的《把信送给加西亚》不知道激励了多少代人，直到今天，它仍然是许多学校的学生和企业的员工必读的书籍。在哈佛大学中，几乎每一位新生都会熟读这本书，原因就在于书中的主人公安德鲁·罗文的执行能力突出，这一点值得所有人去学习。

本书所描述的故事发生在1898年美国和西班牙交战期间，当时的美国总统麦金莱希望能够和反抗西班牙政府的斗士加西亚取得联系，当然作为西班牙政府的敌人，加西亚数年来都躲在古巴的丛林中，这让西班牙政府伤透了脑筋，同时也给渴望联盟的美国人造成了困扰．因为根本就没有什么好办法来联系到这位神出鬼没的斗士。

由于军情紧急，麦金莱便委派中尉安德鲁·罗文前去送信，希望和加西亚的义军确立合作关系。事实上这个任务的艰巨程度可想而知，首先美国人当中没有人认识加西亚，其次是没有人知道加西亚确切的藏身之处，而且罗文也根本不知道该找谁来充当联系人。此外，一路上到处都会碰到西班牙政府军的盘查和搜索，这无疑增加了难度。但是罗文并没有丝毫的疑惑，也没有找各种理由推托掉，而是坚决地接受了这个任务，并且很快就展开行动。在经历了重重困难后，罗文最终顺利地将总统的信件交到加西亚将军手中，也因此成为了扭转整个战局的关键人物。

哈佛大学的管理学教授阿莱克多年来一直坚持给自己的学生讲述安德鲁·罗文的事迹，因为在他看来，行动实际上是整件事情得以获得成功最关键的一步，是整个计划得以实施的前提，行动力的好坏直接影响了我们是否能够获得成功。而当代人在执行方面的表现却乏善可陈，尤其是当我们遭遇到各种困难的时候，总是会对自己的行动进行谨慎而巧妙的评估，我们需要确定自己的行动是否能够成功，是否会一切顺利，甚至会寻找各种借口和理由来拖延、拒绝行动。而正是由于执行力的缺乏，导致我们办事效率低下，导致我们的行动计划处处受阻。

阿莱克希望通过不断重复讲述这个故事，来激励和强化学生对于执行力的重视，让学员们始终保持出色的执行力，让学员们迎难而上，不要被各种困难吓住，更不要因此而寻找各种借口。阿莱克认为美国人做事缺乏的其实就是行动，美国人的思维也许是全世界最开放最活跃的，但是在行动上却并不与之相称，这一点在企业基层和军队中表现得尤为突出。在经典名著《第二十二条军规》中，美国军人对于战争的恐惧以及命令的罔顾有一个极端的体现，尽管故事的本意是荒谬的讽刺的，但不可否认的是服从命令就是军人的天职。

巴顿将军素来以严厉著称，他下达的命令从来不希望遭遇拒绝或者迟疑，如果有人想要找借口来反对这个命令，巴顿绝对会让他难堪。有一次他对战士们说："伙计们，我要在仓库后面挖一条战壕，8 英尺长、3 英尺宽、6 英寸深。"结果很多士兵对这个命令感到困惑，首先这样的战壕是否有必要，其次，挖这样一个大战壕，必定要消耗很多的人力物力，这是难以办到的，于是士兵们纷纷寻找各种理由来诉苦，很多人甚至拒绝执行这项命令。巴顿将军躲在帐篷后面观察这一切，感到非常生气，不过这个时候，有个士兵站了出来，对众人说："赶紧干吧，让我们把战壕挖好之后离开这里，那个老畜生想用战壕干什么都没关系。"巴顿听了不仅没有生气，反而觉得很欣慰，因为自己的士兵毕竟不顾一切地执行了这项命令，这样的执行力才是军人应该具备的基本素质。

一个优秀的人是不需要为自己寻找各种借口的，无论困难有多大，无论情况有多么复杂，都会严格服从命令，都会不顾一切地立即行动。"不寻找借口"是一项基本的执行法则，是个人执行力的基本体现，只不过随着社会的发展，随着科学技术的提高，随着工作的日益人性化，我们对于行动反而有了更多的借口，我们失去了行动上的责任感和绝对忠诚度。

我们的游移不定，我们对于困难和失败的恐惧，对于未知生活的怀疑，实际上束缚了我们的决心，阻碍了我们的执行能力。很多时候，我们都在寻找一种最保守最稳妥的方法来掩饰自己的恐惧，“这件事太难了”，“这样的任务几乎是不可能完成的”，“难道就找不到更合适的方法吗”，各种各样的借口完全剥离了我们的专注度和自信心，从而动摇了我们行动上的决心。

如今，年轻人对责任感的概念更为模糊，对于责任心也更加缺乏，很多人都不愿意去冒险，不愿意去面对过多的困难和麻烦，因此在一项工作还没有做之前，就已经想好了各种理由拖延下去，就想方设法减轻自己所承担的压力，而在这样的情况下，我们自然很难将工作做好。哈佛大学中有这样一句话：“当你拥有一个借口的时候，你的办事效率就要减掉一半。”因此，我们需要坚决行动，不要为自己寻找各种理由，只有这样，我们的成功才会来得更快。

第四章

法则 4：

勇气——无畏的勇气才能产生无畏的力量

作家哈代说："勇气是一种另类的智慧，它使你有了征服困难的信心。"对于我们来说，勇气是我们做好一件事情的前提，有了足够的勇气，我们才有更多的力量去面对生活。在哈佛大学中，勇气是学生必须拥有的一个品质，实际上哈佛人的成功离不开勇气，因为一旦没有了勇气，再完美的计划和执行方案都会打折，都会搁浅。

年轻有无数个重来的机会，你有什么理由不勇敢

你可以承受无数次失败的困扰，但你没有办法对年轻说不。

——哈佛法则

艾莉森·克劳斯是传奇蓝草歌手，她在16岁的时候发行了人生的第一张专辑，令人难以置信的是她很快就赢得了大众的欢心，入围了各大音乐典礼。当然她最终一无所获，但是当这位与音乐各个大奖失之交臂的天才站在奖台上的时候，她还是颇为幽默地说："还好我还年轻，还有一些机会，要不然今天无论如何也得跪下来拿走一个奖杯。"

不得不说年轻就是优势，很快她再次勇敢地发起挑战，两年之后，这位天才歌手就获得了格莱美奖，之后一发不可收拾，然后所有的音乐人就看着她轻轻松松地领走了27个格莱美奖杯，而这差不多是天王迈克尔·杰克逊所获奖杯的两倍之多。

年轻的时候，上帝也会允许你犯错的，很显然你还有很多的机会去重新开始，你可以坚持梦想，也可以改弦更张，你可以接受失败，也可以承受一无所有。年轻是一个引人遐想和嫉妒的词，以至于当伊丽莎白看着自

己的小外孙女跑来跑去的时候，忍不住说："还有什么比年轻更让人垂涎三尺的东西吗？"如果你还很年轻，那么你很幸运，因为你手上的船票似乎离过期还有很长的一段时间。如果你还很年轻，那么你的路还很长，重要的是你所能得到的机会还有很多，这是一种无与伦比的优势。有更多的时间，意味着你能更好地完善自己，你有机会创造更多的可能性，你还能够有更多重新开始的机会。所以年轻赋予你的是野心和梦想，更是勇气，拥有年轻的人，没有什么理由去悲观、去放弃。

在哈佛大学中流传着一句话："机会只留给年轻人。"当然这并不是纵容学生可以肆无忌惮地犯错，可以肆无忌惮地挥霍和浪费各种机会，而是说年轻就要勇敢向前，就要敢于挑战，因为年轻是输得起的，年轻意味着可以重新开始。哈佛大学要求学生不要太过胆怯，有什么疯狂的想法和计划，也不妨大胆一试，即便是遭遇了重大的挫折和失败，也不要就此放弃，因为实在想不出年轻人是有什么不敢去做的。

华莱士绝对是哈佛大学中最声名狼藉的大导师之一，这个满脸胡楂儿、眼神凶狠的男人总是让人看着害怕，以至于学生们都不敢在他的课堂上犯错，当然最后他总是会给学生们更多的机会。有一次，他让某个学生去做一份社会调查，可是当学生把调查报告交上去的时候，华莱士非常气愤，于是当着所有人的面骂这个学生："你这个白痴，你知道自己干了什么样的蠢事吗？这是什么，一堆狗屎吗？要是我就直接退学了。"学生自然信心全无，而且只能低声下气地去道歉，他这时却像没事发生一样，"上帝总是会原谅年轻人的，我没有什么理由继续纠缠不清。"学生听了非常激动，于是重新进行自己的调查研究，最终提交了令人满意的报告。

华莱士是一个偏执狂，在他面前，学生都会尽量避免说出担心、害怕、谨慎之类的词语。他常常在课堂上大喊："为什么没人敢上来？为什么没人去做？你们害怕什么呢？"这一点和其他老师彬彬有礼的形象完全不同，但是没有人怀疑他不是正统的哈佛人，因为他身上有着最正统的哈佛基因。在哈佛中，勇气就是一个另类智慧的象征，而年轻人的勇气、梦想在这里是可以被放纵的。

这种放纵使得哈佛的学生有一种大无畏的精神，具有一种惊人的自信和勇气，以至于当肯尼迪回到母校哈佛大学为自己的总统竞选拉选票时，酸溜溜地对着学生说："我觉得在座的各位中有很多人不想投我的票，这一点我能够理解，因为你们和我一样，也想着成为一个总统，但唯一的区别是我只有这一次机会了，而你们的机会还很多。"

所以，毫无疑问，年轻就是机会，就是最大的动力，因为失败了一次，你还会有第二次的机会，失败了第二次，你还能创造第三次的机会。正因为你可以重复利用自己的优势，所以没有任何理由感到害怕，没有任何理由去沮丧，也没有任何理由一蹶不振，大不了一切从头开始。年轻时，你可以回归原点，可以重新冲刺，但是如果你因为害怕而什么也不做，那么就永远不会有成功的机会。

有一天当你老到什么也做不了的时候，总是会为年轻时候未竟的事业而感到遗憾，总是为那些过往的失败耿耿于怀，但问题是你年轻的时候是否真的有勇气去面对这些问题，你年轻的时候是否真的想过给自己再来一次的机会，是否愿意重新开始。生活就是这样，我们有时候可以错过机会，可以选择重来，但是千万不要错过年轻，因为年轻只有一次。

永远不要把问题想得太坏

一分恐惧会让你减少三分斗志和能力。

——哈佛法则

生活中，我们常常会讨论那些不幸的事情，然后会忍不住发出感慨：“难以置信，我竟然会遇到这么倒霉的事情。”我们总认为自己会是那个最受伤的人，会觉得自己所遭遇的困难简直没有办法解决，这就像金融危机到来的时候一样，我们总是觉得自己受到的冲击一定是最严重的，那时候多数人最关心的一定是自己的房贷、存款、投资，你会说“看吧，我几乎完蛋了，我将无家可归”。

当然最后你仍然干着自己的分内工作，仍然吃着汉堡和喝着可乐，仍然和多数人一样，有固定的旅行。但是你会变得谨慎，会对那些生活中不可控的因素感到害怕，所以你不会再想到投资，不会想到继续购买股票，不会想着再找到一份更好的工作，你成功的欲望被遏止住了，你担心自己可能会一夜之间一无所有。

当麻烦开始出现的时候，我们习惯将问题看得更坏一些，毫不客气地说，我们愿意自己吓自己。这当然是一个荒唐的说法，但是事实上哈佛大学的心理学家皮特证实了这一点，他觉得人在潜意识中喜欢给自己设置一个心理承受机制，喜欢先把事情想得更坏，喜欢把问题想得更复杂，这样就能够先给自己打一剂预防针，等到事情发生了之后，就会发现情况并没有比想象中的更加糟糕一些，这就算是不幸中的幸运了。

他还做了一个很特别的实验，就是找到了一些因为学习成绩不合格或者触犯校规的学生，然后让老师对他们进行一次比较严肃的谈话，通过谈话，皮特发现多数学生的情绪都显得很低落，这些人在同别人的沟通交流中常常会表现出悲观消极的情绪，其中的一个共同点就是认为自己可能会被退学。正因为有这样的想法，学生们开始出现注意力不集中、上课走神儿的现象，而且还缺乏改进和提高自己的勇气。

皮特认为这些学生其实并没有那么糟糕，他们也还没有到要被退学的地步，但是学生总是会给自己一个糟糕的暗示，这种暗示虽然可以给自己的心理提供一个缓冲和适应的机会，但实际上负面的作用很大，最常见的就是学生会失去信心，他们会在消极的情绪中失去克服困难的勇气。

这种把困难复杂化、严重化的心理，在很多人身上都存在，比如当我们想要做某件事时，还没有开始动手，就会预先进行评估，觉得这件事肯定不能完成，觉得这件事会引发很严重的后果，结果我们的自信心受到打击，那么接下来我们可能就没有什么勇气去面对困难了。

很显然，心态往往决定我们的行动，决定我们是否能够获得成功。心理学家曾经为一个不错的棋手挑选对手，并且在一部分选手面前刻意宣传了棋手一番，说他如何如何出色，结果很多选手最后都直接找借口休赛了，而那些前来参赛的人则发挥失常，但那些没有接受宣传的选手，则发挥良好，在比赛中多次赢了这个棋手。心理学家由此认为个人的能力其实并不是主宰成败的全部要素，有时候勇气也很重要，有勇气的人能够激发出更多的能量，而自卑和怯懦的人则往往会把事情搞砸。

很多时候，在面对一件事时，不是你能不能做，而是你敢不敢去做的问题，你如何去面对，往往决定了你能够做到什么程度。我们如果把问题看复杂了，如果把困难想得太多太大了，那么就容易失去信心，就会失去动力。有些时候，我们就是被自己击败的，就是被自己柔弱怯懦的心给击败的，若是我们愿意更加乐观自信地看待生活，那么成功的希望就会增加很多。比如恺撒大帝在征服自己的对手时，常常自信满满地说："你们这样的军队也能阻挡我前进的脚步吗？"很显然，他最后击败了一个又一个的强敌。

在哈佛大学中，保持一个积极心态很重要，因为这里的学生都是来自世界各地的尖子生，如果没有良好的心态，也许你会自卑，会丧失竞争意识。哈佛大学永远都是优胜劣汰的学校，当你觉得别人比自己强大时，当你觉得没有办法在同学之间赢得更多优势的时候，你离被淘汰的日子肯定也不远了。

在你眼里，那些得诺贝尔奖的人一定很酷吧，那些经济学家、企业家一定让你觉得难以企及，但是当里德走进哈佛大学并和那些成功人士接触之后，才发现那些人其实很平凡，并没有像外界渲染的那样。可以说那些成功人士被外界传奇化了，而多数没有成功的人则对这些人望而却步，认为自己一辈子也达不到那样的高度。通过长时间的接触，以及哈佛文化的熏陶，里德的自信心越来越强，勇气也越来越大，这时候他确信自己将来也能够成为成功人士中的一员。

事实就是这样，很多时候我们会被蒙蔽，会失去对真相的基本判断力，我们脆弱的内心会扩张我们的恐惧和弱小，会成为最大的麻烦制造者。所以，永远不要把问题想得太难，永远不要忽视自己的能力和勇气，你要告诉自己你很强，要告诉自己没有什么是不能解决的，你的自信和勇气往往会成为最大的助推器。

快速而有效地做出决定是所有伟人的共同特点

果敢的人才能把握住成功的机会。

——哈佛法则

在圣皮埃尔岛火山爆发的前一天，一艘准备开往法国的意大利商船正在装货，当时船长马里奥明显感觉不对劲，觉得火山将在不久之后爆发，为了安全起见，他命令所有员工停止装载，然后立刻驶离这里。发货人听到这样的命令后非常生气，他威胁船长说胆敢离开港口的话，就去控告他，让他倾家荡产；同时一面又安慰所有人，认为担心火山会爆发的想法只是杞人忧天罢了，他只希望船长能够多停留一天。

可是船长却非常果断决绝，他知道人命攸关，别说是一天，就是一分钟也耽搁不得，他绝对不能让自己的船员冒险，于是依然很坚定地回答："我对于这里的火山一无所知，但是如果维苏威火山像这个火山今天早上的样子，我一定要离开那不勒斯。现在我必须离开这里，我宁可承担货物只装载了一半的责任，也不继续冒着风险在这儿装货。"

马里奥离开之后，发货人和海关官员非常生气，于是在第二天准备追赶和逮捕马里奥，可这时圣皮埃尔的火山爆发了，结果他们全都丧生。而马里奥却带领船员逃离到了安全的海域，继续向法国前进。

毫无疑问，能够在短时间内做出有效的决定，这样的人才是真正优秀的决策者，因为这不仅需要冷静的头脑，需要坚定的意志，还需要果敢的勇气。以这样的一个标准来看，通常我们能够见到那些不那么优秀的决策者的表现，一旦问题出现，要么是喋喋不休地争吵，要么是手忙脚乱，不知道自己该怎么做，要么就是犹豫不决，在桌子旁晃来晃去，或者是到处询问到底该怎么办。好吧，如果你真的有这些症状，那么很不幸的是你还不是一个合格的决策者，你还没有办法做出一个最好的决定。

其实只要你对那些伟大的人物做一次分析，就会发现这些人有一个最大的共同点，那就是他们都有过一个很合理的重要决定，而且这样的决定通常是在短时间内做出来的。这绝对是一种考验，在那样的紧急关头，你没有办法真正保持足够的冷静，你要在严峻的形势面前做出各种评估，然后做出最有利于自己的决定。你的决定是不是真的会有预期的效果呢？也许没有谁能够一眼看出来，所以决定者通常都要背负责任。

哈佛大学的心理学家艾克博士认为一个人如果无法做出快速有效的决策，往往有这样两种可能：第一种是因为想不出任何办法，由于个人能力有限，加上缺乏相关的经验和备选方案，以至于完全不知道怎么去面对；第二种是选择有很多个，但是不知道该选择何种方案，左右拿不定主意。这两种实际上都是缺乏勇气的表现，勇气不足才会导致办事不果断决绝，总是喜欢拖拖拉拉，最终反而错过了下决定的最佳时机。很多人在关键的时候，总是会想很多东西，总是迟迟拿不定主意，关键就在于他们害怕承担责任，他们情愿将这样的烫手山芋交到别人手上。就是因为责任的存在，谁也不愿意问题出在自己手上，不愿意背负责任，以至于总是难以权衡利弊，难以做出决策。

比如在滑铁卢之战中，拿破仑率领的军队和惠灵顿率领的反法大军大打消耗战，结果双方都伤亡惨重，这时候只要谁的援兵先到，谁就能够获胜，结果反法同盟军率先赶到，而拿破仑手下的格鲁西却墨守成规，明明听到了滑铁卢的枪炮声，却不敢违背拿破仑留下的“追击普军”的命令，一直犹豫着要不要不出兵援助，因为他害怕承担违背命令的责任。最后拿破仑在这场战役中元气大伤，从此基本上退出了政治舞台。

格鲁西欠缺的就是一种果敢坚决的勇气和决策力，才导致了法兰西帝国的覆灭。其实任何一个决策都可能伴随着风险，所以你千万不要期盼所有的事都会按照你的计划进行，你得时时为可能产生的错误负责任，要有足够的决断力。遇事犹豫不决或过度依赖他人意见，都可能造成严重的危害，你需要更多的勇气来承担这份责任，尽早做出更有利的决策。

哈佛大学在教育学员的时候说，任何人都要勇敢地承担责任，为了确保决定的实效性，学员应该听从内心的声音，只要制定了一个目标，那就大胆去行动，只要心里有了想法，那就大胆说出来，没有必要考虑那么多东西，举棋不定只会弄得满盘皆输。说出自己想说的，做自己认为对的，这就够了，你没有办法做到面面俱到，没有办法消除所有的风险，那么最好的办法就是选择对自己最有利的。

在解决问题的时候，你是盲目地求助，束手无策地哀叹，犹豫不决，还是立即做出决定？你是在积极地控制问题，还是放任问题继续下去？无论如何，你的时间观念将会对最后的结果产生深远的影响，可以说越是拖延，越是害怕做出决策，难度就会越大，风险就会越高。

走得最远的人，永远是愿意去冒险的人

平凡的人在领受生活，而冒险家在创造世界。

——哈佛法则

自从哈佛大学的校长伊顿对自己的学生说“你是一个冒险家吗”，冒险就成为了哈佛文化不可或缺的一部分，它更多地和勇气、创新、智慧、活力等词联系在了一起，这也促成了哈佛如今的地位和成就。伊顿的话是对哈佛学子的一种鞭策，但事实上也是对所有人的一种拷问：谁愿意为自己冒险，谁愿意为生活冒险？

多少年来，你也许一直在问自己：为什么要冒险，我是不是真的喜欢那些未知的东西，是否愿意为一些不可知的东西去承担风险，而冒险究竟能够带来什么呢？但事实很快给出了答案，可以说这个世界的新奇发现大多来自那些富有冒险精神的人，甚至可以说我们的地球是冒险家推着转动的。

毫无疑问，世界上能够走到最远地方的人永远都是那些冒险家，从哥伦布开始，冒险家们的足迹遍布世界各个角落，因为他们想要寻求更多的财富，很显然冒险行动满足了他们的欲望和野心，面对接踵而来的财富，他们又乐此不疲地进行这样的游戏。而现在这种规律仍然没有改变，那些喜欢冒险的人总是要比普通人走得更远一些，他们也总想着走得更远一些，因为他们知道身边的财富永远没有那么大的吸引力，他们必须到远方去开辟更大的战场。

当别人好奇巴菲特这样的大富翁为什么还要沉迷在股市中的时候，老头子说了一句实话：我在享受冒险。股市中的大起大落永远都在吊他的胃口，所以他从一个买不起房子的穷人成为世界上最有钱的超级富豪。这不是富人的成功哲学，而是冒险家的生存法则，因为成功离不开冒险。

现如今，你可以轻轻漫步在曼哈顿的华尔街上，然后好好睁开眼看一看，那些有钱人多半都是疯狂的冒险家，他们搞投资，搞金融，他们拥有无可比拟的野心，他们非常愿意冒险，无所畏惧而且全身心地投入进去。接着呢？他们成为了社会最上层的人，成了这个世界上最成功的商人，而那些一心求稳、一心求一份踏踏实实的工作的人永远都在小范围的生活中挣扎。

当然，冒险的同时需要承担风险，所以关键还是要看你是不是具备冒险的勇气和决心，是不是愿意给自己设置更多的挑战。多数人在潜意识中会警告自己：“还是算了吧，我已经活得不错了，为什么还要去冒险呢？”他们更关心的是未来是否会比现在更加糟糕，自己是不是值得为一个不可预知的东西冒险。我们不能说这种想法是错误的，也没有理由因此去责备任何人，因为这只是我们对于生活不同的看法而已。但是从人生发展的角度来说，冒险家无疑更容易获得成功，因为冒险的投资回报率往往很高。

比如优秀的企业家往往具备60%的冒险精神、40%的理智，一个缺乏勇气、缺乏冒险意识的人是不可能获得成功的，他们的身上总是拴着一根绳子，一旦他们走到更远的地方，就会被不自觉地拉回去。多数人可能像牛一样，勤勤恳恳地工作，勤勤恳恳地围着树桩打转，从来没有试图走得更远一些，更远的地方也许意味着更多的青草、更多新鲜的水源，也可能意味着更多的危险或者是一无所有的窘境。所以我们愿意选择更稳妥的办法，我们愿意更加平静地活在自己能够控制的状态中。

一个不敢冒险的人，在错过风险的同时，也错过了成功，一个害怕牺牲的人，往往难以成就大的事业。在哈佛大学中，每年都会有大量的人才被输送到世界各地，这些人都是精英，但是到了最后，真正能够称得上伟大的人却并不多，很多人还是沦为了平凡的一员，他们所取得的成就并不比其他人高出多少。而那些乐于冒险的人，他们成了政治家，成了科学狂人，成了“华尔街之狼”。这些人之所以能获得难以置信的成功，可能并不是因为他们的优秀和聪明，而是他们的野心和冒险精神。

哈佛大学有一句名言：“从你进入哈佛的那一刻，就开始了一段奇妙的冒险旅程。”因为学校认为如果你只是想要安安全全地混到毕业，那么就没有必要来哈佛，你可以在其他学校、在社会上学习，也可以通过自学，来学习到更多的知识。哈佛人都要懂得创新和冒险，都要积极主动去追寻那些不可预知的东西，开创各种新的可能性，这就是哈佛对每个学员的期望。

哈佛第27任校长劳伦斯·萨默斯曾经做了名为《我们的时代需要冒险》的演讲。在演讲中，他讲述了哈佛的冒险传统，同时呼吁学员们要有冒险精神，这样才能寻找更多未知的人生，才能拓展自己的视野和生命的广度。我们对于萨默斯、对于哈佛必须保持应有的敬意，在一个始终引领世界教育潮流的超一流学府中，始终能够保持这种创造力、冒险精神和活力，实际上是非常难得的。当一只鳄鱼吃饱之后，它是无论如何也不会对食物产生兴趣的，但哈佛始终还是保持饥渴状态，所以它一直在发展壮大。

其实生活本身就是一场大冒险，我们所走的每一步都要冒险，既然如此，我们为什么不尝试着专注于此呢？生活的潜力是无穷无尽的，我们必须要保持一种活力，保持一种欲望，保持一种渴求，我们需要主动去寻找未来世界的钥匙，只有这样，生活中更多的宝藏才会对你打开门。

敢于对抗权威

与柏拉图为友，与亚里士多德为友，更要与真理为友。

——哈佛法则

亚里士多德是柏拉图的徒弟，他对自己的老师非常恭敬和爱戴，但是在涉及真理的问题上，他没有给柏拉图半点儿面子。这位跟着柏拉图学习了 20 年的哲学大师，很直接地对老师的理论提出了批判，并且站在了老师的对立面，毫不犹豫地对所谓的权威发起反抗。

亚里士多德是崇拜自己的老师的，他曾在柏拉图死后，感情真挚地说：“在众人之中，他是唯一的，也是最初的……这样的人，如今已经无处寻觅。”不过亚里士多德说了：“吾爱吾师，但吾更爱真理。”很显然，他没有害怕和自己的老师对抗，并且因为这份勇气，他成为了比老师更有影响力的大师。

这种有关真理的探讨和争执也是哈佛大学文化的一部分，哈佛大学一直提倡亚里士多德的批判精神和反抗权威的勇气，可以说，追求真理的勇气是哈佛大学贯彻给每位学生的理念。在哈佛大学中，人人都有权利对权威说“不”，只要他觉得这是错的，就有怀疑和批判的权利。比如哈佛大学的前任校长劳伦斯·萨默斯说：“在哈佛，一个刚进大学的新生都有权利对校长说‘你错了’，这就是哈佛的文化。”

这在其他学校或者单位中简直是不可想象的，你不敢想象一个新职员会对着自己的老板指手画脚，与其针锋相对；你也想象不到有谁当着权威专家的面说他是一个大笑话，说他的研究狗屁不如。你能想象自己站在丹泽尔·华盛顿面前批评他的演技不行吗？不得不说我们缺乏这样的胆量，但是这样的“疯狂举动”在哈佛中几乎见怪不怪，因为勇于追求真理才是哈佛的主流精神。

有一群学生去哈佛参加入学面试，当时面试的老师都是哈佛大学中赫赫有名的导师，这些人都是学术界的权威，看到这么多大人物在场，这些学生难免会激动和怯场。面试的时候导师们提出了一大堆专业性的问题，然后就这些问题和学生一起探讨，可是当讲到某个话题的时候，有个学生突然站了起来，然后涨红着脸说老师有个地方说错了，当时大家都非常惊讶地看着这个学生。

老师这时候问他：“你确定我们说错了吗？或者说你觉得你自己才是对的？”

学生点了点头，立刻把头低了下去。这个时候几个导师全都站起来鼓掌，原来这是他们故意设置的一个错误，为的就是看看同学们能否指出来，很显然他们没有失望，最后在这批人当中，只有那个敢于指出错误的学生获得了入学的资格。

事实上，权威并不意味着正确，并不意味着盲从。敢于怀疑、敢于挑战、敢于反抗，这才是哈佛进步的基因所在。学校鼓励学生要敢于打破狭隘的认知界限，而在扩展认知的过程中不可避免地会和已有的学术权威发生冲突，这时候就需要展示自己的勇气和决心，要勇于追求真理，不能被权威性的东西所束缚。哈佛的校长艾略特说过：“哈佛是需要进步的，需要创新的，需要不断改革的，所以哈佛时刻准备对抗传统，时刻准备着对抗那些约定俗成的东西。”

在生活中，每个人都会被社会性的思维所束缚，只要大家都认为是对的，你通常都不会去怀疑事情的真相到底是什么。“是的，他很强，他是权威，他的话就是真理，他有一大帮的拥趸，我的话有没有分量？我能不能说服别人？”这就是我们经常担心的事情，自卑、无助、犹疑不定很容易影响我们做出判断，很容易破坏我们的积极性。好吧，到了最后，我们还是会轻易地放弃自己的想法，我们习惯了屈从权威，习惯了否定自己。

但人是要进步的，社会也需要进步，而进步的前提就是勇敢地突破现有的束缚，就像柏拉图否定苏格拉底，而亚里士多德否认柏拉图一样，最后亚里士多德的部分学说也被托里拆利否定一样，社会的接力棒总是会传到你这里，然后你会不情愿地传给下一代。可以说每一次勇敢地反对权威其实都是一次进步，都是一种超越，如果没有人站出来提出异议，没有人敢于否定那些不合理的东西，那么一切都只会原地踏步。

你总是说自己应该进步，应该成为独一无二的人，那么从现在开始就不要轻易相信别人，不要将自己束缚在狭小的空间内，你有权利去怀疑一切，你有权利去反对那些权威的东西。你的才能不是用来维护那些“错误”的真理的，而是为了去突破、去创新，去创造一种新的可能性。可以说你从来不需要对那些权威负责，真正应该负责的是自己的态度，是真理。

第五章

法则 5：

务实——务实可以让成功变得更轻松

在哈佛大学中，每个人几乎都是精英中的精英，都是人才中的人才，但是再高端的人才也需要务实，也需要做好自己所能做的每一件事。务实是一个人最基本的工作状态和生活态度，因为成功容不得半点儿浮夸，容不得半点儿的脱离实际，每一步都要走稳走好。正因为如此，哈佛才能够在远大目标的指引下稳步前进和发展。

量力而行，不要好高骛远

做你能做到的事，然后争取做到最好。

——哈佛法则

哈佛大学曾经对1000个人进行为期20年的跟踪调查，结果发现837人都习惯性地给自己制定了一个非常远大的理想和目标，这些目标通常包括最伟大的科学家、国家总统、名扬世界的大明星、最出类拔萃的专家以及跨国公司的总裁。但事实上20年之后，只有7个人达到了这些高难度的要求，多数人都在苦苦地为自己的梦想挣扎。在调查中有138人选择了和自己的能力相差无几的目标，这些目标包括医生、律师、经纪人、企业家、音乐人、作家等比较生活化的职业，结果有137人实现了这些目标或者与之相近的第二目标，这部分人中有不少人还成为了自身领域内的精英。除了以上这些人之外，还有25人选择了明显低于自身实力的目标，他们本来有机会做得更好，有机会完成更大的事业，但事实上他们明显低估了自己的实力。

在这份调查结果出来之后，哈佛大学意识到一个比较严重的问题，显然就是理想严重脱离或者高于现实的问题，也就是说多数人都活在幻想之中，而不是理想之中，他们的理想未免太过于远大。美国大约有1000万人想着当总统，但是很不幸的是总统只有一位，可以说绝大多数人只是处于做梦状态。但这并非是说大家都没有机会当上总统，而是说你是否有这样的实力，你是否意识到自己能够有机会爬到那个位置上。说实话，总统需要钱，需要能力，需要地位，需要人际关系资源，仅仅是这些最基本的条件，就足以击碎多数人的梦想。

我们当然不要轻易否认自己的梦想，但也要珍惜每一个梦想的权利，要善于把握每一个梦想的使用权，这是一种对自己对生活负责的态度。其实一切不符合实际的梦想都会成为人生的负担和阻碍，当你明知道自己没有办法完成的时候，却仍然执拗地奋斗，这并不明智，只会白白耗费你的时间和精力。

当然一提到梦想，我们常常都认为自己有做大事的潜力，我们和大多数人一样，得了狂热的成功妄想症，而且更致命的是我们对于成功的看法从来就没有正确过，成功是什么，我们甚至一无所知，也许只是肤浅地认为成功就是做大事，就是成为了不起的人物，就是成为伟大人物中的一员，所以我们都削尖了脑袋往里面挤。

但事实上，所谓的成功只是我们依据自己的能力完成能力范围之内的事情，而且我们千方百计做到了最好。在哈佛大学中，诸如这样的成功人士很多，他们有些是经济学家，有些是物理学家，有些是生物学家，他们的名字也许并不会出现在《时代周刊》上，也不会出现在好莱坞电影或者名人传记之中，他们甚至都称不上名人，但没有人否认他们在自身领域内获得的成功。

哈维在哈佛大学学习期间攻读的是经济管理学专业，毕业后他想过经营一家自己的店面，后来他用7年的时间开了一家属于自己的面包店。这听起来似乎普普通通，但谁也不能否认他是一个成功的面包店主。他的生意每一年都在扩大，甚至在整个纽约皇后街区都颇有名气。当然你不能用可口可乐或者麦当劳那种庞大的帝国来作对比，也不能苛求他的生意像苹果的那样火爆，但从成功学的角度来说，这个面包店店主做到了他所能做到的最好程度，这就是成功。

很不幸的是，我们往往选择了一个高标准来定义成功，从这个标准出发，很显然除了少数的天才之外，绝大多数人都没有办法达到那样的高度，与此相反，因为长时间都固执地为那些不切实际的目标奋斗，最终导致多数人一事无成。这是一种认知偏差，也是一种视觉污染，因为你眼中所看到的成功人士都是那些大人物，你忽略了一块面包也能给你带来成功，你忽略了一个面包店主人平凡而真切的理想。

老实说，多数人只是普通人，你和那些司机、教师、律师、工人、店主、医生、销售人员相比并没有什么明显差别，你所能达到的成功通常也就设定在这样的范围之内，既然如此，我们为什么不依据自身的实际能力去追求目标呢？为什么非得不自量力地去做一些自己没有办法做到的事情？

成功的第一要素是实力，我们应该正确看待成功，然后要了解自身的实力和价值，要明白自己能够做到什么程度，盲目追求大理想，盲目执行大计划，你只会活得很痛苦，因为你的身体和智慧根本撑不起这样的大理想，终有一天你会被自己过大的野心压垮。

年轻人有远大的梦想，这是非常合理的，但所有的年轻人应该记住，梦想不是放在脑子里发酵的，而是需要动手去实践的。你要正确评估自己的能力，然后制定相应的可实施的目标，如果做一件自己根本做不到的事，那么你的青春实际上就白白浪费了。

理想虽然很炫，但是脚下的路要踏实走好

再伟大的理想也需要踏踏实实去践行。

——哈佛法则

自从黑人领袖马丁·路德·金发表了《我有一个梦想》的演说之后，梦想就开始在整个美国生根发芽了，这个梦就是美国梦，是创造一切可能性的自由之梦。到了2008年，这个梦又在奥巴马总统那里得到践行，他的《我有一个梦》再次点燃了所有美国人的狂想。但是梦的延续实际上都是建立在脚踏实地的基础上的，美国梦也是一步步走出来的。

理想似乎听起来都很酷，你想成为一个天才、一个大富翁，有一辆自己的法拉利，还有香槟和美女，但你不能指望天上会掉馅饼，想也别想。我们当然有权利去展示自己无所不在、无所不能的想象力，它可以天马行空，可以轻松超越一切，但有一点，它必须立足于现实，而拥有理想的人更要立足现实，要踏踏实实去践行自己的理想。你得知道一切都需要依靠自己去打拼而得来，不要总是幻想着你能够一夜暴富，保持清醒、保持专注才是你应该做的。

美国的威尔逊总统回到母校哈佛时，对所有的学生讲了一番话：“每个人都要记住一点，你们之所以能够来到这里，之所以能够从这里毕业，不是因为你们的理想足够远大，不是因为你们足够聪明，而是因为你们脚踏实地地完成了所有的学业。”这就是哈佛对每一个学员的期望和要求，每个人既要重视自己的目标和理想，同时更要重视自己脚下的路，要对自己的实际行动负责。

哈佛大学的妮可教授曾经在底特律的黑人社区做过详细的调查，那里充满了毒品、暴力、色情、贫困，很多孩子都成为了这个罪恶社区的牺牲品。但是妮可发现他们并非是毫无希望的，至少很多孩子接触过教育，也拥有自己的梦想和希望。她曾经询问过一些孩子，他们说出的梦想可不是什么贩卖毒品和当黑社会老大，但是到最后，这些孩子中的绝大多数都变坏了。

妮可希望找到一些更为全面的原因，贫困和不良的环境当然是重要的影响因素，不过妮可发现其实直接的原因在于孩子们总是难以专注地实践自己的理想，比如当他们觉得读书未必能够改变生活，而贩卖毒品可以很快解决自己的生存问题时，他们是难以抵制这种诱惑的。正是因为这样，孩子们常常会不间断地离开学校，会想办法做一些其他的事，而不能安安心心地只做一件事。

回到学校之后，妮可将自己的见闻写到了《底特律之行》这本书里，结果这本书很快被当作教材来使用。因为学校认为底特律或者黑人社区所发生的一切并不是个案，其实在生活的各个角落当中，都会存在这样的现象，“老老实实做事”似乎成了美国博物馆里的老古董。我们常常在生活中听到这样好心的指示：“听着，伙计，你不能总是傻乎乎地干下去，你得动一动脑子，明白吗？”“你这是做什么？真是糟糕，看来你还没学会如何要点手段。”是的，没人像我们这么做，没人会觉得自己老老实实地做一件事有多么光荣，人们更喜欢技巧，喜欢新招式；像一头牛犁地那样从这一头犁到那一头，那是笨人才会做的。

我们改变了数千年以来的生活方式和工作方式，我们情愿为了效率而尝试一些跳跃式的手法，我们不再满足于一步步往前移动，不再满足于那些细枝末节，我们甚至还觉得自己没必要那么专注，完全可以在工作过程中心无旁骛地抽根雪茄解解闷，我们自大而且悲哀。所以最后我们也为自己的“不安分”付出了代价，我们没有办法获得成功。

一个不认真走路的人总有一天会跌倒，这就是最残酷的现实，但我们本有机会改变这种情况，我们完全可以做到更好，只是因为心浮气躁，没有踏踏实实地专注于自己的工作。所以我们有理由回归生活的本质，有理由用那些看上去很原始很老土的方法，去重新认识自己的理想，去认真对待自己的生活方式，这是成功最基本的功课之一。

每个人都渴望爬得更高，都渴望走得更远，但是如果不能好好走路，那么即便你看得再高再远也是徒然的。尤其是对年轻人而言，无论做什么都应该认真，凡事都要脚踏实地地去做，不要太虚浮。这个世界比的不是谁的理想更加远大，而是看谁的执行力更好一些，有时候你并不需要比别人想得更多、看得更远，但是你所走的每一步都要比别人更加认真踏实，这样你才有机会到达终点。我们需要明白一个道理，如何去做往往要比如何去想更加重要，所以我们需要端正自己的工作态度、生活态度，我们需要更加踏踏实实地走自己的路，这是我们走向成功的前提。

永远不能急功近利，否则将前功尽弃

成功只有一种方法，那就是一步步坚持到最后。

——哈佛法则

小洛克菲勒曾经开口对父亲说："请您给我一个项目吧，给我3年时间，我能做得和您一样出色。"他那伟大而睿智的父亲只是笑了笑，让儿子先安心地从员工做起。一个月后，洛克菲勒问儿子："你上次说3年能做出很出色的成绩，那么现在呢？"小洛克菲勒有些腼腆地笑了笑说："大概需要5年时间，只要5年，我就能够像父亲一样。"又过了几个月，洛克菲勒再次问儿子，这一次小洛克菲勒显得冷静多了："我不太清楚，也许是一辈子，我想我也许和您一样要干上一辈子，才能有这样的成绩。"洛克菲勒点点头，然后才将公司交给了儿子来管理。

小洛克菲勒是幸运的，因为有一个伟大的父亲指导他如何面对生活，但是多数人很容易被成功的喜悦冲昏头脑，我们太渴望成功了，所以干脆将一只脚挂在门槛上，结果就是最后我们也没能进入到房子当中。这似乎是一个定律，而且很少有人能够逃脱这个定律，因为我们都具有强大的趋利性，我们都被利益迷惑得团团转，有个声音总是在催促我们赶快动手。

但我们似乎忘记了国际象棋的法则，那就是在比赛中，你不要总是妄图一下子将对手逼入绝境当中，越是急于速战速决的人最后越是容易吃亏。麦克阿瑟将军在朝鲜战场的失败再次证明了这一点，到最后他没能带着将士们赶回家过圣诞节，反而陷入战争的泥潭之中。还有就是华尔街的投机商，他们是些唯利是图的人，永远都在围着大把大把的钞票转，而当他们狂热地想要大捞一笔时，却因为金融风暴的来临而名誉扫地，更多的人则是倾家荡产。

的确，我们应该适当冷静一下，需要更多的理性和务实精神，而在这一方面，哈佛无疑就做得非常好。比如哈佛在建立之初，就设定了一个目标，那就是建造一座像英国剑桥大学那样出色的学校，让它成为全美乃至全世界最好的大学，不过这一过程却经历了300多年。从最初只有4名学生的学校到如今成为千万学生梦寐以求的高等学府，哈佛的成功实际上展示了成长过程中的一个重要特质，那就是务实和稳重。

哈佛大学校长艾略特曾经说过："几乎只有很少的学员在哈佛学习期间就已经获得了成功，所以任何人不要指望依靠在哈佛的几年时间来赢得名声。"艾略特的话不是没有道理的，他认为任何人的成功都需要一个过程，所以每个人都要具备耐心，也许是10年，也许是20年，也许是更久，你要做的就是坚持和等待。

2006年，哈佛大学19岁的天才作家卡乌娅·维斯瓦纳坦涉嫌抄袭他人的小说，结果成为了话题人物，而哈佛大学虽然并没有对此事发表任何看法，但是据相关人士透露，卡乌娅·维斯瓦纳坦在一定程度上还是给哈佛抹了黑。而哈佛的某位老师在提到这一事件的时候，采取了比较谨慎的说法，当然他也认为之所以出现类似的事件，大多是因为急功近利，大家都太想在短时间内获得成功，而没有人愿意认真地耐心地奋斗。

事实上，这是一个教训，而这个教训一直没有停止，我们一直都在催熟自己的能力和目标，当我们认为自己应该更早地完成目标时，就会提示自己“快一点儿，再快一点儿”，当我们认为自己有机会速战速决的时候，是绝对不愿意再耐心地等待下去的。这是我们为自己设置的陷阱，我们的狂热把自己的梦想毁于一旦。

其实从那些成功者身上，我们可以发现一个规律，那就是成功往往需要耐性，需要务实精神，不能过于急功近利，因此我们需要更加冷静。其实做任何事情都需要经历一个慢慢沉淀和积累的过程，你越是想要快点儿达到目的，可能越是容易遭遇失败。

在哈佛的哲学课上，导师阿兰德通常会给学员讲一个真实的故事：有两个旅行者在沙漠中旅行的时候，陷入了无水的困境，好在历经艰辛之后，两个人终于在不远处发现了一片绿洲，而绿洲附近通常都有水源。这时候两个人显得非常兴奋，可是其中一个人太想要喝到水，于是不顾身体的虚弱和疲劳，忍不住往绿洲的方向跑过去，结果因为严重缺水而倒在了沙漠中，当时他的身体离水源不到 10 米；而那个慢慢吞吞行走的人则坚持到了最后，顺利喝到了水，据说那个喝到水的人就是阿兰德本人。

很多时候，我们就是那个口渴的旅行者，当我们看到自己离成功越来越近的时候，常常会过于激动，常常会迫切地希望自己把握住成功，但是最后往往容易出现失误。在好莱坞，每一天都有数以万计的演员妄图一夜成名，华尔街上有大批的投机者渴望一夜暴富，还有那些成天盯着股市和彩票的寻梦者，他们都期待着奇迹和幸运会降到自己头上，但是很不幸的是，被幸运苹果砸中的人往往很少，多数人都为自己的急功近利付出了代价，而那些努力踏实的人反而一步一个脚印地走到了最后。

走好每一步就不可能不成功

尽管微不足道，但是不要忽略生活的每一步。

——哈佛法则

很多人都惊叹于飞人乔丹为什么总是轻易就能拿下32分，乔丹很不以为然地回答说："这并不难，只要每节比赛保证得到8分就行了。"很显然，只要每节比赛都保持足够的专注度，那么得到这些分数就并不稀奇了。正因为这样，他才是最成功的篮球运动员。

当然多数人并不能做到这一点，我们大约能够走好60%的路，少数人能够走好99%的路，但是总有一些地方我们会忽略掉，我们会头脑发热，会满不在乎，因为我们总是觉得自己做得足够多、足够好了，我们不想每个环节都保持务实的态度。多数时候我们都在想"也许我该休息一下，也许我该放松一下"，偶尔忽略一个小问题似乎无关紧要，但是人生往往就会栽倒在那些小事上。就像下棋一样，看似无关紧要的一步棋，一旦下错了，那么整个布局就全部被打乱了。

事实上，这是"懒人效应"在发挥作用，我们总喜欢将事情分成主要和次要的，这原本是一种比较科学、高效的方法，但是划分主要和次要并非是为了忽略那些无关紧要的事情。在处理事情的时候，我们很容易产生误解，认为无关紧要的事情可以不闻不问，其实这样就容易出现失误。这就像走路一样，越是比较坎坷陡峭的山路，我们越是懂得谨慎，这时候就不容易摔倒，而到了相对平坦的大道上，我们却掉以轻心，不愿意正正经经地走路，这时候，反而会出现崴脚或者被绊倒的情况。对于人生的道路来说，任何一步都马虎不得，任何一步都要走得稳健踏实。

我们平时谈论工作也是那样，你每一天都在做自己的工作，你渴望获得成功，但是你要确保每一天都处于正确的轨道上，每一天都能够踏踏实实工作，这的确很难做到，多数人的工作热情和工作态度只能保证某一段时间，在我们周围发生的一切都在佐证这种现象。我们会随着工作的进行而变得浮躁，我们的务实精神会一天天消减，原因就在于我们常常认为一切都已注定，要么就是大势所趋，这种盲目乐观的想法很容易让我们变得飘飘然。

这是一个致命的错误，尤其是当我们觉得成功唾手可得的时候，内在的自信往往会过度膨胀，我们甚至有意表现得满不在乎，以此来彰显自己绝对的控制力，但是很不幸的是，多数人都在这种漫不经心中遭遇“滑铁卢”。类似的悲剧很可能出现在每一个人身上，连那些自诩最伟大的人也难以避免。爱迪生在发明留声机的时候，由于看到成功近在眼前而分散了注意力，导致某个零件安装失误，结果差点儿导致这项伟大的发明功亏一篑。

从这一方面来看，绝大多数人都缺乏坚持到底的品质，我们似乎还不具备能够将每一步都当成第一步来走的能力，我们并不习惯于务实，而且也缺乏类似的锻炼。哈佛大学的每一任校长都会对新入学的学生进行警告：“我不确定今天在座的诸位都能够坚持到毕业典礼的那一刻，因为今天的欢迎仪式并不能决定你的欢送仪式，今后的每一天每一分钟才是决定你能否毕业的关键。”

很多学子通常都会对哈佛产生依赖，他们认为一旦进入哈佛就等于为人生寻找到了一个依靠，但事实并非如此，哈佛大学每年都会淘汰一些学生。我们可以得知这些人原先都是非常优秀的人才，都是各个地方选拔出来的尖子生，但哈佛并不会允诺学员更多成功的保障，学员想要将这种优秀的特质和成功的习惯继续下去，就需要保持务实的态度，坦然地面对每一天的学习，坚持每一天都过得充实。即便是毕业之后，哈佛也不会因此为你的人生增加多少筹码，你没有办法依靠哈佛的名气来为自己赢得一个成功的人生，你要做的就是保持哈佛的务实精神，一步步走向成功。

哈佛的心理学家马克曾经发现一个问题，就是越是接近毕业的学员反而越轻松，对于人生的规划也越来越有自信，但是最后很多毕业生会因为现实和理想的巨大落差而陷入沮丧之中，结果工作状态越来越差，离自己最初的目标也越来越远。根据这个现象，马克提出一个"成功相近效应"，所谓成功相近效应实际上就是指很多人在追求成功的时候，容易产生一种自信心，会认为成功已经差不多出现了，或者认为成功就是现在这个样子，这时候成功的印象会在脑子里加深，从而形成一种外在相似度很高的"成功状态"，在这种状态的牵引下，人容易变得浮躁，容易麻痹大意。马克认为多数人都会受到成功相近效应的影响，最终与成功失之交臂。

低调务实仍然是我们所缺少的特质，尤其是对于年轻人来说，想要保证每一步都走得稳当，这的确需要很大的毅力和自制力。但是无论如何，当整个时代都显得浮躁时，我们更应该平心静气，更应该脚踏实地，更应该保持善始善终的特质，否则当我们再次经历失败之后，又会发现自己原来离成功并不遥远，只不过一步之差毁掉了一切。生活的教益也正在于此：我们对于成功要保持足够的忠诚，这种忠诚不在于我们有多么渴望得到它，而在于我们是如此谨慎而谦卑地践行它，而且一步一步，从未错过。

认为整个世界都错的人，极可能错在自己

当你背离了所有人的意愿时，要做的不是坚持，而是顺从。当你发现所有人都和自己的意见相左时，要做的不是争辩，而是自我检讨。

——哈佛法则

哈佛的心理学家维埃里致力于人类精神病研究，通过30年的研究，维埃里发现了一种类似于自我狂想症的心理疾病，患有这种疾病的人往往很自信，却又自以为是，他们在思想方面是坚定的个人主义者，从来不会考虑其他人的想法。像科学家布鲁诺、哥白尼、爱因斯坦都属于这种人，但幸运的是他们都是天才，而绝大多数人却是实实在在受到疾病迫害和困扰的患者。

维埃里发现患有这种疾病的人有一个共同的缺陷，就是不善于交际，原因就在于他们通常都不愿意承认错误，当与别人发生分歧的时候，他们总是坚定自己的立场，根本不会去思考一下为什么没有人支持自己的看法。他们宁可相信所有的人都错了，宁可相信这个世界原本就是建立在错误的基础上的，但事实上多数情况下，犯错的都是他们自己。他们从来不会去考虑现实的问题，他们总是脱离现实而存在。

哈佛大学其实早在250年前就提出了一个很有建设性的问题："上帝赋予我们高于众人的智慧，是不是让我们去质疑和打破他人约定俗成的生活？"在这个问题中，哈佛人表达了自己的困惑，他们一方面承认这个世界存在天才，但是又怀疑那些轻易就否定所有人的做法是否合理。

其实，出现一些坚持自我的想法是很平常的，毕竟我们接触到的、了

解到的事实真相，很可能让我们感到独一无二，因为没有人的认知会是完全相同的。但我们必须要尊重外界的思维方式，我们必须突破自己的思维空间，我们不一定非要依据现实来评估自己的想法，但是一定要懂得做一个参考，这种参考有助于平衡我们和现实之间的差距。而当你感觉天平完全倾向于别人时，你要认真思考一下自己：我是不是做错了？这种自省并非是对自己的完全否决，而是一种更为理性的思考方式。你要做的就是从个人主义、从个人的精神世界和幻想中脱离出来，你需要认真去重视现实社会，需要正视现实世界和个人之间的严重失衡。

你当然有可能认为自己掌握了真理，认为自己是少数与世界为敌的天才，可是很不幸的是这样的天才一般几十年、几百年才会出现一个，所以你将世界扳倒的机会简直可以忽略不计，事实上最后出现错误的往往是你，这一点毋庸置疑。我们需要有这样的自知之明，以免在大众面前做一些无谓的争吵。

哈佛大学校长艾略特曾经制定过一条非常严格的校规，当时他认为这样的规定可以改善学校的风气，但是这显然和哈佛崇尚自由民主的文化氛围相背离，所以这个校规一经推出就遭到了质疑。第一天，有几个老师来找他，他还想办法进行了解释。第二天，来的老师更多了，他渐渐感觉到有心无力，但还是勉强应付过去。第三天，老师和学生们都要求见他，这时艾略特终于意识到自己可能真的做错了，于是宣布废除这条校规。

当 1 个人说你错了，你可以争辩；当 10 个人说你错了，你还可以试图狡辩；当 100 个人认为你错了，那么你肯定错了。事实上，我们当然有权利去质疑，我们有权利去说出自己内心的想法，我们有权利去追求自己所谓的个人真理，不过我们需要明确一点：真理的确掌握在少数人的手中，但很少会掌握在 1 个人的手中。

很不幸的是，今天，无论是布鲁克林还是旧金山，无论是欧美还是其他国家，我们的自大症仍然在泛滥，我们依然用自己的标准看待一切，面对他人的质疑和指责仍然能保持足够的自信，这一点是可怕的，它使我们丧失了发现真相的机会，使我们失去对生活的准确把握，有一天我们会发现自己不仅仅是被孤立了，而且还严重地和生活脱节。

毫无疑问，我们在任何时候都需要更加务实一些，需要紧贴着生活前行，这是一种对自己负责的态度，我们迫切需要以此来矫正自己的世界观和人生方向，需要来平衡自己与现实之间的失衡。这个世界不需要一套严重失衡的法则，我们自己更是不需要。

有一天当你发现自己和整个世界格格不入时，那么很显然是你做错了，你必须及时做出改变，必须懂得去适应现实，因为在怀疑和否定整个世界这件事上，我们显然还不具备这样的资格和能力。年轻人需要自己的主见，需要敢于怀疑和挑战，但是多数时候，你需要清醒地意识到也许是自己弄错了，而且这种可能性很大。既然我们存在于这个世界中，那么就没有任何理由让所有的人来迁就自己。

美国总统罗斯福曾经对哈佛的导师说："我一生中有很多错误的孤立的想法，幸运的是每次都有很多人站出来反对和提醒我，所以我能够避免做出错误的决策。"我们需要像罗斯福一样及时关注身边的人，观察他们的想法和反应，当你发现所有的人都站到你的对面时，好吧，你应该低下头，然后顺从地走到对面去。

第六章

法则6：

自信——除了你自己，没人能否定你

在哈佛大学中，每个学员都要求抬头挺胸，说话要自然而有力，学校的目的在于让学生培养和展示自信心，因为自信心是一个人精神面貌的最佳体现，也是个人心态和能力的一种折射，它不仅会给自己带来更多积极正面的暗示，也能够影响到他人对自己的看法，为自己赢得更多的机会。

你不自信，别人就更不相信你

相信自己，别人才会相信你。

——哈佛法则

有时候你可能会想：为什么没有人相信我？为什么大家总是把我当作一个失败者来对待？为什么大家不愿意给我一次再来的机会？但问题是，你是如何看待自己的？你是否愿意把自己当成一个有能力的人看待？你是否给过自己那样的认可和机会？

情绪是会传染的，我们在交往的时候，更多地会依据他人的状态来进行评判，当一个人在讲台上哆哆嗦嗦、结结巴巴的时候，没有人会认为他是一个出色的演讲者，所有的人一定会说："真是糟糕。"也许别人会给你鼓励的掌声，但事实上所有人都觉得你不行。如果你表现得很自信，你的一举一动都很有气势很有风度，举手投足之间都表现出积极乐观的一面，那么对方也会被打动，他会给你更多正面的评价。

股神巴菲特说："我只会将钱投资给那些自信的人。"机会有时候是自己创造的，别人对你的认可也需要你自己去争取，你需要展示一个更加有能量的自我，要表现出自己更有说服力的一面。当你能够说服自己的时候，才有机会去说服别人。

事实上，在个人情绪和个人心理方面，没有什么会比自我摧毁来得更恐怖了，我们才是自己最大的敌人。对于自卑的人而言，我们常常会无意识地打击自己，会给自己泼冷水，我们总是更加卑微地看待自己，到最后所有的信心都会被击垮，最终的结果就是我们变成一个自暴自弃的可怜虫，这时候你还能指望别人给你信心和力量吗？

心理学家发现当一个人过度自卑时，往往会敏感多疑、胆小孤僻，这时候就会刻意压制自己的能力，所以通常情况下，我们所认识的那些自卑者大多有一个共性：学习成绩不好，动手能力很差，社交能力差，反应迟钝，做事畏畏缩缩。但实际上他们的思维更为活跃，想象力更为出色，智商也会更高一些，而自卑抑制了这些潜能。与此相反，那些自信的人未必都是强者，只不过信心激发了更多的潜能而已。

你可能个子很矮、贫困、有雀斑、有狐臭、肥胖、结巴、有口音、学历低、有不堪的经历，你有强烈的自闭症，你总是在说“我不行”，总是在怀疑自己的办事能力，但事实上你可以做得更好，你的那些所谓的缺点并不影响你的个人能力，并不影响你个人的价值。这就像我们在电影中所见到的那些丑角一样，他们的演技往往更能深入人心，以至于当他们自信地出现在荧幕上时，所有人都会忍不住赞叹他们是有魅力的人。

所以一个人无论如何也不要轻易去怀疑自己，不要轻易去否定自己，尤其对一个处境卑微的人来说，唯一的希望可能就是自己了，你只有表现得更好一些、更自信一些，才会给自己的生活带来希望和阳光，别人才会更加坚定地看着你，才会愿意为你喝彩。

我们可能都知道海伦·凯勒，这位来自哈佛大学拉德克利夫女子学院的女作家曾经说："对于凌驾命运之上的人来说，信心是命运的主宰。"这位在 19 个月大的时候因为猩红热而失去听觉和视觉的姑娘，一生都活在黑暗和无声的世界之中，但是在沙莉文女士的帮助下，她始终过得很开心，而且成就非凡。一开始她也不能接受这一事实，显得很沮丧，她告诉沙莉文说自己想要放弃了，因为她不认为自己可以做到一切，可以像正常人一样有机会去学习和了解身边的事物。

自卑的海伦让沙莉文很不开心，她对海伦说："你当然可以放弃，可以在这里抱怨，很显然你的父母也会被你的情绪感染，最后他们也会辞退我，因为他们觉得你不再需要一个老师了。"海伦那一次哭得很伤心，但是很快她就意识到沙莉文说的是对的，一旦自己放弃了，那么大家就会跟着放弃，那么自己将再也没有机会去享受生活了。

后来，海伦·凯勒信心满满地开始新的生活，开始接受沙莉文的教育方式，而在强大自信、坚强毅力的支撑下，她做到了一个残疾人所能做到的一切，甚至比很多正常人做得还好。以至于当她每次出现在人群中时，大家都忍不住内心的激动，像遇到电影明星那样狂热地呼喊她的名字，很显然，她用自信心征服了所有的人。

作家爱默生说："自卑是一个放大镜，别人会认为你一文不值。"当你放弃了自己，当你开始怀疑自己的时候，没有人会愿意相信你，你的真才实学反而会被埋没。而如果你是一个自信的人，这样反而会产生很多正面的效果，因为你可以更好地影响到别人的判断。在 20 世纪 80 年代的华尔街，到处都是前来寻找工作的年轻人，当时很多求职者都知道一个秘诀，那就是保持微笑和自信，哪怕你什么都不会，但是当你表现出自信的风度时，多数老板都愿意给你一份就业合同。

事实上，每个人都渴望获得他人的信任，都渴望赢得更多的认可，但是首先你要有更加亮眼更加出色的表现，你需要让所有人感觉到你是值得认可的，你有那样的条件和潜力。所以想要让别人相信自己，第一步就是自己要相信自己，只有自信的人才有足够的底气去征服别人。

有破茧而出的魄力

一个人之所以获得了不凡的成就，是因为他没有和别人一样只用一些老方法去做那些老工作，他喜欢创造一种新的可能性，而这就是成功的前提。

——哈佛法则

科学家曾经做过一个有趣的实验，他们将几只跳蚤放在很深的瓶子里，一开始跳蚤总是不断往上跳，不过每次当它们即将跳出瓶子的时候，科学家就故意增加瓶子的高度，跳蚤依然会奋力往外跳，直到跳出瓶子。经过几次试验之后，科学家发现跳蚤可以跳到自身高度170倍的高度。

之后科学家开始进行第二组实验，他们将跳蚤放入瓶子中，然后选择好跳蚤常态的跳高高度，并在瓶子上盖上一块玻璃，这样一来跳蚤每次奋力往上跳，都刚好碰到玻璃盖，几次之后，跳蚤的高度渐渐固定。科学家撤走了玻璃，可是跳蚤再也没能跳到瓶子外面。很显然跳蚤被自己束缚住了，所以不愿意有所突破。

哈佛大学的金先生根据这个实验，提出了一个“跳蚤理论”，那就是想要改变自己，就要不断突破自己。如果你想成为那个成功人士，想要有所创新，那么就要懂得突破生活，要主动去超越自己，这种超越不是让你做得更多，而是让你做到更好。金先生发现每个人的能力和潜力实际上都没有一个明确的界限，这实际上就为人生创造了各种可能性，但是我们的行为举止、我们的个人水平往往被限制住，因为我们总是像蚕茧里的蚕一样被生活包围着，很多时候我们意识到不到生活以外的东西，意识不到自己可以有所突破。

我们被束缚在了原有的模式中，我们固有的思维、我们的价值观、世界各种约定俗成的法则、个人的能力、个人的期望值，这些都会影响你的发挥。而我们如果想要提高自己的表现能力，那么就要拿出自信心，要坚信自己可以冲破束缚，可以打破常规，创造另一种可能性，达到常规生活以外的高度。这种信念能够帮助我们激发更多的潜力，能够提升我们的斗志，当我们愿意去这样尝试的时候，我们的生活就一定会进步。

罗纳德从哈佛大学毕业之后，创办了一家公司，经过多年打拼，公司的年营业额很快超过 100 万美元，不过罗纳德可不满足于这样的小成绩和小规模，他有一个雄心勃勃的计划，那就是争取让公司上市，他不希望自己被困在一个百万公司里。

当然在此之前，罗纳德需要让公司成为一家股份公司，这样才能吸纳更多的资金。不过一家实力不是很强的小公司，证券商们从来不会看上眼，他们不会冒险承销一家小公司的股票，这不符合股票市场的规则。到了这一步，罗纳德几乎已经陷入困境了，但是罗纳德很快想到了一个更为直接的方法，那就是自己销售股票。

当罗纳德在华尔街到处散发招股说明书的传单时，人人都在笑话他，因为在华尔街的历史上从来没有人跳过证券商而自行发行股票的，罗纳德的想法和传统思维完全不同，更是与华尔街的经营理念相背离，他们断言罗纳德一定会以失败收场。但事实上，在罗纳德和朋友们卖力地吆喝下，很快抓住了人们的好奇心理，很多人开始尝试着购买他的股票，结果只用了短短几个月，罗纳德便卖出了 40 万股，筹集到了 100 万美元。

之后罗纳德再接再厉，不断吸纳资金。这时，他采取了小鱼吃大鱼的方式，在股市里进行了一系列漂亮的操作和投资，结果奇迹般地兼并了数家大公司。几年之后，罗纳德掌控的资金已经突破了 10 亿美元的大关，而他毫无疑问通过突破传统思维和自身的局限性创造了现代股市的一个神话。

我们可以看一看历代那些最伟大的人，他们的起点和我们一样，甚至可能更低一些，但是他们愿意去挑战生活的极限，愿意挣脱生活模式的束缚。这就像是一种规则一样，我们中的多数人依靠规则来办事，缺乏那种突破的魄力，所以总是被控制在规则之下，而那些超越规则的人则能够创造新的规则和标准，理所当然地，他们最终也要更加成功一些。

有关生活，有关成功，有关进步，我们需要了解一点，那就是到底是什么创造了你，是什么造就了一个成功的你。是能力吗？事实上很多成功人士，他们原先的能力并不见得比其他人强。是运气吗？似乎好运从来不会挑人，而且成功者遭遇到的不幸似乎要更多。造就我们的其实就是一种规则，这种规则为我们提供了更多的参考，指引我们的行动，同时也为我们提供了突破它的可能性。任何一个成功人士都是围绕着规则办事，都是在规则的引领之下，然后去慢慢超越和突破它，最终获得成功。这就是一种魄力，一种勇于改变、勇于接受挑战，而且坚信自己能够寻求突破的决心。

一个人做到了别人能做到的事，而且做到了极致，这就是优秀，而当一个人做到了别人都做不到而且没有做过的事情，这就是卓越。我们需要朝着卓越的目标前进，需要有冲破传统模式的勇气和魄力。生活原本就是可以无限度延伸的，我们想要创造更多的空间，那么就要突破自己现有的模式，去开拓更多的方法，而这是年轻的我们最大的生存优势。

丧失信心就等于放弃了自己

失去了财富、地位、名声、朋友、爱情，你还有机会做回自己，失去了信心，那么你将一无所得。

——哈佛法则

同大多数美国的非技术工人一样，我的朋友里奥正面临着找不到工作的危机，在经济不景气的时候，他面临的是房贷、孩子的生活及教育开销，最害怕的是疾病。事实上自从他丢失上一份工作之后，已经整整 3 个月没有找到工作了，这并不是最糟糕的，关键是他已经开始怀疑自己是否还能找到救济生活的方式了，因为在第二个月的时候，他的妻子就已经选择离他而去。

这并不是发生在《当幸福来敲门》中的场景，而是真真切切存在于千千万万个像他一样困顿的家庭中。那个时候他开始无节制地酗酒，可是谁也没有办法帮助他，好在他清醒之后还会想到去找一份工作。他说整个加州地区每年都会增加大约1700名他这样的流浪汉，显然他还不想成为其中之一，他也觉得自己不会成为其中之一。

尽管这听起来很不可思议，但是若你经历了这一切，成为一个流浪汉就自然而然发生了。里奥最终还是坚持了下来，他留给自己一点儿卑微的信心，这就使得他能够在困难时期勉强支撑下去。5个月之后，他终于在一家服装公司找到了一个领班的活儿，这足以遏制暂时的生活危机了。

类似于里奥的事情每天都可能在上演，很多时候，我们愿意将这种情况放到整体的社会环境中去分析，金融危机、经济不景气、失业率高这些固然是不可忽视的因素，但是从个人自身的情况来说，心态往往也很重要。当所有的不利因素都席卷而来的时候，我们是如何面对自己的生活的？我们如何来调整自己的心态？这关乎着我们的自救。而在这些心态中，信心无疑是最重要的，它是人生必不可少的支撑，尤其是在困难时期，一旦失去信心，生活很可能彻底垮掉。其实，我们要知道那些流浪汉并非总是一无是处的，何况政府还一直试图增加就业机会，但是对于丧失信心的人来说，再多再好的工作也会被他们忽视掉。

哈佛大学曾经对美国的就业形势做过调查研究，学校的调查人员在不同层次的人群中随机抽样，采访了近3万人，发现失业率达到了7.5%，其中那些认为“一定找不到工作”的人，最后的失业率竟然高达58%，而那些“坚信我还能找到工作”的人，失业率则只有2.7%。很显然之所以出现如此大的差距，并不是社会环境或者个人能力所造成的，最关键的原因在于每个人的自信心不一样，有的人认为自己可以做到更好，有的人则认为自己什么也做不了，而当你这么看待自己的时候，你可能什么都不愿意去做了。

哪怕是诸如哈佛这样的名校，很多学生依然对生活存在困惑，那些成绩不好、表现不出众的学生，往往会对人生失去信心，到最后很可能无法毕业，要么就是勉强毕业之后，成为失业人员，这种事情其实每年都会发生。尽管学校尽量避免让学生陷入困境，但是仍有部分人因为丧失信心而成为“高学历的流浪汉”。

这些年学校一直致力于如何提高学生自信心的研究，毕竟哈佛这样的光环在给学生们带来荣耀和自信的时候，同样会带来压力，一旦学生预期中的事情和现实发生冲突或者有很大的落差，压力就会增加，从而引起一些负面的消极心态。学校要做的就是尽量让学生培养和保留自信，因为有时候哪怕只是一丁点儿的信心都可能会改变你的境况。

罗本原本是哈佛大学的尖子生，毕业后，他跟着自己的舅舅到华尔街上班，在华尔街这样的投资氛围影响下，罗本也玩起了股票和基金，他甚至说服自己有钱的父亲一起投资，可是一年之后信心满满的他却亏得血本无归。这次的失败让罗本几乎丧失了所有的斗志，他觉得自己对不起父亲，所以干脆躲到外面，既不上班，也不回家，成天在酒吧里打发时间。后来父亲找到了他，然后递给他一笔钱，说：“如果说我的上一笔投资毁了你，那么这一笔资金希望能将你救回来。”罗本听了很感动，他决定重新进入股市，这时候，他开始更多地接触投资人，了解更多的投资信息和技巧，而且也变得更加谨慎，终于大赚了一笔。

这是一个非常老套的现实故事，但实际上却更加真实。事实上华尔街每一年都会有人破产，但是最后很多人都站了起来，因为他们从未失去信心。很多时候，我们会对华尔街的人产生误解，认为他们是贪得无厌的商人，是精于算计的资本家，是自私自利的浑球，但是他们的聪明、冒险、勇气、自信却是常人所不能及的。传记作家诺顿曾经这样描述华尔街的资本家：“当他们看你的时候，你能够感觉到他们似乎已经在打你口袋里的钱的主意了，而且他们会告诉你一定会成功的。”

所以说自信很重要，当你拥有它的时候，你会感觉到成功变得更加简单，而当你失去它的时候，会发现一切都是无力实现的。当一个人丧失了信心，实际上就等于完全放弃了自己，那么这时候无论做什么他都不会获得成功了。

不断告诉自己某一件事，即使不是真的，最后也会让自己相信

想要做好一件事，那么一开始要做的事情就是不断提醒自己：我注定是一个成功者。

——哈佛法则

哈佛著名的心理学家斯派克的邻居是一位失眠的老太太，有一次老太太发现安眠药吃完了，于是就敲门来借，斯派克的家里根本没有药。为了让老太太安心入睡，他就拿出一盒维生素片，然后谎称这还是朋友从法国带来的新型安眠药。当晚老太太很正常地入睡了，于是她相信这是好药，并前来感谢斯派克，斯派克顺水推舟，干脆又给了老太太一盒维生素片，

结果老太太此后每天都睡得很安稳。

其实，老太太之所以能够安然入睡，并不是药物的原因，而是形成了积极的心理暗示。很明显，一些积极的暗示能够让情况变好，能够让我们的内心变得更加积极阳光，使我们有了更多的信心和勇气去面对困难。而这种心理暗示可以用在自我激励上，尤其是对于那些不够自信的人来说，积极的心理暗示非常有必要，能够有效提高自信心，从而更好地解决问题。

哈佛大学作为全世界最好的学校之一，实际上也有自己的短板，那就是篮球，由于缺乏体育基因和血统，整个哈佛大学的体育都一塌糊涂，而篮球更是惨不忍睹。为了改变这种状况，哈佛只好请来一些名教官，当教官来到哈佛大学之后，先将队员按照水平高低分成了三组，第一组停止练习自由投篮一个月，第二组则在这一个月中只坚持每天下午练习一小时，而第三组则每天坚持意念投篮，也是坚持一个月。

一个月之后，教官让所有的学员进行投篮，结果第一组球员的投篮水准从水平线的 39% 下降到了 37%，而第二组则从 39% 上升到了 41%，而从未进行实际练习的第三组球员却从 39% 上升到了 42.5%。这样的结果让所有人都感到吃惊，可是教官却说，当球员们在意念中进行投篮的时候，每一个球都是直入篮筐的，这就会对球员形成一种暗示，以为自己真的可以投进球，久而久之，就会提高自信心。

毫无疑问，一个人只有相信自己能做到，才有更多的机会去做到。我们都是情绪化的动物，这一点非常重要，这意味着我们常常会受到情绪的干扰，如果我们的情绪非常消极的话，我们可能会把事情搞砸，甚至不愿意面对这件事；而如果我们的心态更加积极一些，那么实际上有助于我们更顺利地解决问题。所以最现实的问题就是掌控自己的情绪，好让自己变得更加积极乐观，你要不断地提醒自己“我很棒”“我能出色地完成任务”“我还可以做到更好”，这样你才有更多的勇气去克服所有的难题。

莎士比亚说：“一个人往往因为遇事退缩而失去了成功的机会！”退缩就是因为我们给了自己一个更加消极的暗示，我们提醒自己不要轻举妄动，不要自不量力，不要去做一些不可能成功的事，这些暗示或多或少都使得我们能力受损，胆怯、过分谨慎、注意力不集中都会导致我们没有办法做好自己的工作。

通常，我们是如何去得到自己想要的东西的呢？一定会事先给自己一些积极的暗示，认为自己配得起这个东西，认为自己有机会去获得这个东西，而事实上你的渴望最终会激发出你的竞争力和索取意识，你会想办法克服困难。但是如果一开始就给自己泼冷水，那么你最终能够获得那件东西的概率微乎其微。

哈佛大学的心理学家认为人的神经系统是很愚蠢的，它总是很直观地反映我们所见所闻所感，你看到很快乐的事情，它就做出喜悦的反应，你看到忧愁的东西，它就会做出忧伤的反应。我们要做的就是自行调整和控制，我们要更多地给予神经系统一些正面的暗示，要建立健康积极的心态，要确信自己能够征服一切。这里面很可能暗含着一些“自我欺骗”，事实上也许你真的没有那么出色，但是当这种积极暗示在脑中回想的时候，你也许会真正成为一个出色的人。

据说当初罗斯福在初次竞选总统的时候，一直就处于下风，不过他始终认为自己就是总统，他还对自己的助理说：“你应该好好替我想一想国务卿的人选。”不久之后他果然当选为总统，而且连任了4次。这绝对不是偶然的，也绝非仅仅是因为“二战”带来了机遇，当总统候选人还在排着队相互竞争的时候，我们有理由相信美国人的选择标准，那就是自信，而罗斯福刚好是符合这个条件的最佳人选。

对于年轻人来说，有时候信心比能力还要重要，我们需要建立起足够强大的自信，需要懂得不断给自己一些积极的心理暗示，需要让自己看上去更加强大一些。有时候，我们总是为自己的失败而自责和懊悔，但是扪心自问一下，我们是否坚定地站在自己这一边，是否给予自己一些消极的暗示。如果没有的话，那么千万要注意及时改正，不要让那些消极的情绪来剥夺你的理想。

挖掘自身的潜力

不要告诉别人你能做到什么，而要告诉他们你还可以做到什么，因为你的潜力始终是无限的。

——哈佛法则

当企业家们正在雄心勃勃地规划自己的商业前景时，最害怕听到的就是他的下属说：“是的，先生，我能做到的只有这么多了。”不过老板们永远都贪婪地希望自己的员工做更多更好的工作，他们总是疑惑为什么每次想要进入更高一层时，总是有人说不行。老板们似乎永不知足，也永远不愿意将忠诚等同于竭尽所能。

事实上我们真的只能做到这么多吗？我们是否真的已经竭尽所能？哈佛大学的爱默生说过："蕴藏于人身上的潜力是无尽的，他能胜任什么事情，别人无法知晓，若不动手尝试，他对自己的这种能力就一直蒙昧无察。"当然，按照爱默生的想法，"一个人应当更多地发现和观察自己心灵深处那一闪即逝的火花，不只限于仰视诗人、圣者领空里的光芒"。简单来说，爱默生认为每个人的身上都是有潜力可挖的，我们需要寻找一个挖掘口。

其实早在很多年以前，心理学家就对大脑进行了研究，他们发现人脑的开发程度还不到1/10，也就是说绝大部分的潜能还处于封藏状态。这就像是一个巨大的宝藏，我们所获得的冰山一角已经受用不尽了，如果全部开发出来，那么足够受用终身了。我们的身体往往也是如此，很多人认为我们的身体有一个极限，这是一个科学定论，但是这个极限到底在哪里，谁也弄不清楚，事实上生活中常常会发生一些超能力现象，有些人的速度、力量、灵活性可能超乎我们的想象，而在某些特定情况下，他们爆发出来的能力也绝对能够让人大吃一惊。

"我们自己的能力不止于此"，坚信这一点至关重要，我们可以有更多的信心和勇气来挑战身体的极限，来挖掘自己不为人知的那些能力，来开发和唤醒身体里不可预知的强大力量，这是我们能够获得更大成功的前提，是我们改变生活的一个契机。

哈佛大学中有这样一句话："如果你认为自己平时只能做到这件事，那么你所定下的目标最好要高于这件事。如果你认为自己只能做好某一方面的事，那么最好去尝试着做一做其他方面的事。"哈佛大学中有一个天才的学员曾经精通8个国家的语言，而且会写6个国家的文字，此外，他还会演奏10种以上的乐器，在天文学方面也颇有研究。但是后来他发现自己善于背诵，所以很快将《牛津词典》背诵下来，接着他又开始尝试着去冒险，于是他横穿了整个撒哈拉沙漠，而且还去了南极和北极。在毕业之后，他开始接触生物学，接着很快发现了自己在生物学研究方面的天赋和敏锐性，他的一些相关研究论文在学术界引起了很大的反响。

一个人做到了那么多的事，的确不可思议，至少在我们所知的人当中，这样的天才和全才确实少之又少，但事实上我们大概忽略了一个事实：每个人都有可能成为这样的天才。因为我们完全有这样的潜力，只要我们善于挖掘，而那些善于挖掘的人显然已经获得了成功。这并非是一种酸溜溜的嫉妒心理，其实我们还没有意识到自己有多么强大和完美，没有意识到自己能力的极限所在，我们总是告诉自己："好吧，这大概就是我能做到的一切了。"但是当你去挖掘的时候，就会惊讶于自己的实力，你还可以进步，还可以变得更加强大。

哈佛大学的斯蒂芬教授曾经让儿子写出自己能做到的事情，结果儿子写出了3件最擅长而且做得不错的事情，于是斯蒂芬在上面加上了另外两件事，他希望儿子也能够做到而且要做好。一开始儿子非常抵触，但一段时间之后，他发现儿子慢慢有了头绪，而且也能够将这两件事做好。接着斯蒂芬又加上了几件儿子不擅长甚至没有接触过的事情，结果儿子经过锻炼，也慢慢掌握了做这些事的技巧。斯蒂芬后来受到了启发，将这种特殊的方法运用到教学当中去，结果深受学生们的欢迎，而学生们此后都变得更加自信了。

我们每一个人就像是一座宝藏，尽管我们的表现也许并不那么出色，我们的能力、地位以及思维方式也许都还停留在低水准中，但是我们具有变得更好的潜力，我们有理由成为那些更好的人，有机会变得更加强大。只要我们能够主动去挖掘和开发自己，能够尽可能地调动自身潜藏的力量，我们就可以改变自己的处境，可以做到很多人都无法做到的事情，也可以达到一个更高的高度。

永远不要认为自己就是某一种人，不要认为自己只能做什么样的事情，更不要认为自己的极限是什么。面对不可预知的生活，我们需要暗示自己，我们能做更多的事情，能做很多从未做过的事情，我们的天赋不仅仅在某一个方面，只要有信心去挖掘，那么就可以从这份宝藏中获得更多。

第七章

法则 7：

乐观——相信自己做得到，你一定会做到

为什么很多能力比你弱的人获得了成功，而你却仍旧一无所获？为什么别人总是能够心想事成，而你还在犹疑不决？很明显你可能缺失了一种更为开阔的心态。你不够乐观，你总是认为自己做得不够好，总是认为自己不行，你总是没有办法更加投入和专注。所以我们需要保持更加积极乐观的态度来面对生活，正如哈佛人所说的那样：当你相信自己能成功的时候，你的成功就会到来。

成功并非你想象中的那么难

如果你觉得成功很困难，那么你将离它越来越遥远。

——哈佛法则

我们对于成功有一个认知的偏差，那就是认为成功往往很难，原因很简单，成功的人很少，而且成功的机会很小，所以成功通常都很难。我们常常听见那些上学前班的孩子哭着抱怨，说自己不想考 A，也是因为他们觉得考 A 太难了，会让自己觉得有很大压力，甚至是无所适从。对于成年人来说，想要获得成功，也是一个可望而不可即的甜点，谁都想要吃一口，但是都在说："哦，还是算了吧，那肯定很难够到，我不想花费很大的力气做无谓的事。"这种想法并不那么另类或者可怕，但却很容易让我们心生胆怯，让我们失去很多很好的成功机会。

哈佛大学曾经对 150 名成功人士进行过调研，发现有 24 个人一直信心满满，坚信自己可以获得成功；有 58 个人认为尽管有一些意外的因素存在，但是值得去尝试一下；而剩下的 68 人一开始则感到有些困难，但是当他们专注进去并获得成功的时候，会发现其实成功真的没有想象中的那么难。

在这68个人当中，有一个是哈佛的毕业生爱德华。他和朋友们在硅谷开了一家小科技公司，当时他认为硅谷竞争激烈，自己想要闯出一番名堂实在很困难，他难以想象自己有一天可以像其他科技公司的老总一样成天炫耀自己的产品。事实上，若不是朋友极力地劝说和挽留，爱德华甚至想要退出这个团队，他甚至觉得在一家小公司当个职员也比这样要强，但最终他还是决定留下来试一试。

经过一段时间的接触，爱德华发现其实工作并不像想象中的那么难，因为他们有技术、有实力，在研发上基本不存在什么短板，唯一的问题就是吸纳更多的资金来投入生产和运作，而这些，朋友们会想办法搞定的。事实上，只有短短一年的时间，这家公司就开始声名鹊起，包括谷歌、亚马逊和微软公司都向他们伸出橄榄枝，希望购买他们的专利，或者与之进行紧密的合作。

爱德华做梦也没有想到自己某一天会和那些科技大佬亲密接触，而且还会和他们进行合作，以此来改变科技发展的进程，他感觉到有些不可思议。尽管创业的时候遭遇到了一些困难和问题，但是总体来说，并没有造成什么重大的麻烦，至少他们还是坚持挺过来并获得了成功，所以爱德华后来回忆说："成功并不那么可怕。"

其实如果我们了解生活，就能够看到成功并非只是一种个案，别人可以获得非凡的成就，这代表着你也有这样的机会。我们应该坚信一点：既然别人能够做到，那么自己也一定能够做到。别人不见得比你聪明，不见得比你更加幸运，不见得比你更加努力。当你保持良好的心态，并为之付出足够的努力，那么成功通常都是水到渠成的。我们没有任何理由去贬低自己的能力和信心，没有任何理由去将自己和成功者划清界限。

在生活中，我们有过类似的经验，就是当我们对某件事抵触或者认为这很难办到的时候，我们的责任心会告诉我们说“这件事不值得去做”，我们觉得自己是无能为力的，至少不会有任何改进的可能。我们会抱怨那些成功人士，会抱怨自己无能，借助情绪上的发泄来排遣内心的恐惧和苦闷，但是这样做只会让成功渐行渐远。其实我们为什么不尝试着去做呢？当你有这种想法的时候，已经感受到了成功其实也有大众化的一面。当你为之努力的时候，就会发现它其实离自己很近，也很简单。当你成功时，你甚至惊讶于自己是如何获得成功的。

此外，当你失败的时候，若是足够细心，就能够发现自己其实是因为某一个环节出错而导致与成功失之交臂，你会说自己若是做到了这一点，就会成功了。事实就是如此，成功并不难，多数人之所以认为它遥不可及，只是因为他们缺乏那样的自信和乐观，他们患上了成功恐惧症。

大部分时候，人生的高度取决于你如何看待成功，你的情感在人生路上为自己所树立的典范是什么样的，这一点至关重要，它将对你的人生和世界观造成很大的影响。如果你保持乐观，那么事情相对更加容易一些；如果你认为自己无能为力，认为成功离自己实在很遥远，那么你将永远与之保持遥远的距离。

乐观，正是我们需要的一种心态，这是我们做事之前需要肯定并加以强化的一种情绪，这样才能更好地指导我们的行动，才能够给予我们更多的勇气和动力。其实把成功看得简单一些、轻松一些，将其当成一种生活的常态，那么我们就能够获得更多成功的机会。

做事前先找各种理由否定掉，那你什么都做不成

思考的目的是为了去做，而不是为了阻止我们去做。

——哈佛法则

我们讨论计划的时候，常常会上演一场否定的戏码，每次出现一个提案，都会寻找各种理由否定掉，诸如“这样做肯定不行”“能力不够”“机会不好”“存在风险”之类的理由数不胜数。可以说，你是一个很好的思考者，是一个具有危机意识的人，但是把问题想得太复杂，或者将思考当成否定行动的工具，则是一种非常不可取的做法。

有了一个想法，那么我们首先要考虑的是它会带来什么样的利益，而且这个利益和潜在的风险相比是不是占据优势，一旦这个想法的利大于弊，我们就可以说它具备了可行性，那么这个可行性方案实际上就具备了实施的条件。我们如果过于看重那些不利因素，觉得但凡会产生风险的都不是好的想法，那么最后你可能什么也做不了。

从 20 世纪开始，欧洲很多国家就提出了改善城市交通网络的整改计划，瑞士也是其中之一，瑞士政府希望能够在首都伯尔尼建成一个飞机场。好吧，在一个首都建立飞机场，这简直再正常不过了，你甚至用脚指头也能想到这个方案轻易就会通过。可是最后一进行公投表决，这项提议

很快被作废了。原因很简单，因为农民不希望飞机吵到他们以及家畜，就是这样一个看似可笑的理由毁掉了伯尔尼发展的前程。

当然，不可否认伯尔尼是一个美丽的城市，而瑞士是一个民主的国度，但是这种轻易就否决提案的做法，实际上带来一个严重的问题，那就是办事效率低下。哈佛大学的阿肯教授在研究这个问题的时候，发现欧洲很多国家都有类似的问题，尤其是北欧，它们虽然并没有严重到不在首都建机场这种程度，但是计划在还没推行和实施之前，因为一盆冷水而浇灭的事例不胜枚举。阿肯教授通过研究发现北欧人有着精密的思维方式，喜欢把事情做得更完美一些，但是却总是喜欢斤斤计较，他们最擅长的就是提出反对意见，所以基本上很难有什么计划可以顺利实施下去。

阿肯教授还对哈佛大学中的北欧学生进行观察，发现这些学生大都非常积极，有很多人都参加学校的社团，但是他们也常常是搅局者，常常因为某些小问题而否决团队的决议。而且他们自己通常也具有很多想法，每次有什么计划，就会进行充分的评估，就会尽量去想一些漏洞和不足，借以否定计划。正因为如此，北欧的学生通常都不容易有行动，也缺少可行动的方案。

阿肯教授将自己的研究报告刊登出来之后，曾经还引起了一些北欧学生的抗议，但事实上阿肯教授认为这是很多人的通病，并不限于北欧人，只是北欧人的思维习惯和行事风格更接近这些东西而已。而阿肯教授也借此给了学生们一个忠告，那就是不要轻易去否决自己的想法，一旦觉得计划的可行性比较高，那么就要在第一时间执行下去。

我们都知道没有任何一个决策是十全十美的。你觉得盖茨或者乔布斯他们的决策和规划是完美的？那也未必，他们的决策同样存在各种漏洞，同样存在各种风险，但是他们都敢于实施，而且最终获得的成功要远远大于潜在的风险和失误。盖茨说一旦他决定做什么事情，就会想办法排除一切不利因素，但是这些因素从来都不会成为否定决策的理由。还有乔布斯也是类似的人，当工程师告诉他 iPhone 手机很可能因为改变了键盘格局而遭遇滑铁卢时，这个独裁者不屑一顾地笑道："你认为这个理由会让我改变心意吗？"而后来 iPhone 手机大卖。

一个人有想法，有危机意识，能够事前进行周密而详尽的思考，这非常有必要，但是不要让这些想法干扰自己的行动，干扰计划的实施。我们不能总是用一些带有危机感的想法来否定自己的计划，其实一切的思考都是为了让这份计划更加完美，而不是让它消失。一些严重的问题和潜在的危险，我们可以进行更为详尽的讨论和思考，但是一些无关痛痒的小问题，有时候并不会对大局造成什么重大的影响，我们在评估风险和成果的比例时，应该坚定地执行下去。

其实，一项计划，一个想法，只要大致上对自己有利，只要具备执行的价值，那么就值得去尝试，我们没有必要挑三拣四，给自己泼冷水，没有必要把问题看得太过复杂。做人要乐观一些，这种乐观建立在一种权衡利弊之后的信心上，它会让你觉得所有的付出、承受的所有痛苦都是值得的。

年轻人有着缜密的思维是好的，但是也需要具备乐观的态度，不要过度放大那些缺陷和不足，因为那些缺陷和不足的存在而忽视整体的价值，这样做毫无用处。如果想要做成一件大事，就要承担相应的风险，就要去大胆地付出，如果因为害怕出问题而放弃，那么只能永远站在原地打转。事实上，也许你想要制订一个最完美的计划，但是世界上最糟糕的想法刚好就是那些否定和阻碍行动的想法。我们需要记住这一点。

每个成功的人都是乐观派

你和那些成功的人之间最大的区别在于，当困难发生的时候，你在哭泣、在逃避，而他们则笑对人生。

——哈佛法则

俄国大诗人普希金在《假如生活欺骗了你》这首诗中，这样劝说世人："假如生活欺骗了你，不要忧郁，不要愤慨；不顺心时暂且忍耐。相信吧，快乐的日子将会到来。"美好的生活需要一个乐观的担当者来享受，需要的是一个相信自己的人，需要一个对生活抱有希望的人来创造。

不得不说，多数人常常都困在不幸的生活中裹足不前，常常被那些现实的困扰所束缚，每天都活在自卑、悲观、绝望的情绪之中，每天都在为那些烦心事而苦恼。我们是否能够做得很好，是否可以做到更好，是否能够获得成功，也许我们自己也不清楚，因为我们总是认为自己就是这样一类人。

你当然没有办法拒绝那些倒霉事，你的生活一塌糊涂，面临着房贷的压力和感情危机，事业毫无起色，你还可能随时遭遇小人的算计。偶尔你要忍受出门踩到狗屎这类小事，或者吃汉堡的时候噎着了，要么就是半天打不到一辆车。那么你会怎样去应对呢？摆着一张臭脸，像黑色杰克一样到处挑刺，和别人过不去？你会喋喋不休地抱怨，像无所事事的珍妮大婶一样到处诅咒和谩骂？你当然还会自卑，然后将这种情绪延伸到自己的工作当中去，你会说："我已经完了。"

我想说，大概没有人会躲过生活中的这些"黑色幽默"，可并非人人都如此。我们完全可以保持更轻松愉悦的心情来面对，我们从生活中所领悟到的那些理论，并不能真正帮助我们处理好那些不好的事情，但是一个好心态足以解决那些散乱不堪的烦心事。你需要的是一种更乐观的心态，像一个成功者那样去思考、去感受。

那么不妨问一问自己是否成功过，哪怕只是生活上的一些小成功，类似于做对了一道数学题，帮助朋友解决了一个难题，自己砍倒了一棵树木，这也是成功。你要找回这些小事所带来的喜悦之情，要找到那种感觉并保持下去，让自己积极、乐观、无所畏惧，充满力量和斗志。

这些乐观的心态能够让我们找回更多的自信，能够帮助我们寻找到成功的节奏。你可能会面对各种各样的困难，可能会遭遇到各种各样的危机，你也许要在同一个地方跌倒 5 次，但是没什么，只要你仍旧相信自己可以做到，仍旧相信自己是无所不能的，那么你最终就会成为一个成功的人。

当然，成功者不一定都保持微笑，但一定满怀希望，他们会写下自己的优点，会每天都在镜子里观摩自己有魅力的脸庞，会觉得那些失败没有什么大不了的。这是一种态度，一种成功者应有的态度。对于成功者来说，成功是一种态度，更是一种习惯。当苹果公司陷入困境的时候，乔布斯引咎辞职，但是后来他又重新返回苹果公司，他对自己的家人说：“好吧，我已经想不出任何要放弃的理由。因为我成功过，所以没有理由不会第二次获得成功。”

哈佛大学的阿西克博士曾经采访了 500 多名成功人士，他们来自社会各个行业和领域，很显然这些人都经历过失败，但是颇为一致的是他们几乎都是积极向上的人，无论遭遇什么困难都能保持乐观心态。阿西克教授最后问了他们一个问题：如果你们的财富和地位一夜之间归零，那么你们该如何生活？结果阿西克得到的答案几乎都是："那我就重新去开始打拼。"

阿西克认为成功人士并非比别人更强，但是却比别人拥有更加强大的心，可以说恰恰是乐观心态帮助他们获得了成功。他打趣说："从来没有一个苦瓜脸的人能够站在成功者的舞台上，一个消极的人通常是很难坚持走到最后的。"事实上，因为乐观的人能够从每一件小事上获得积极回应，能够寻找到正面的能量来支撑自己的梦想和行动，所以无论遭遇什么情况，他们都可以为自己保留生活的渴望和动力。

我们总是对生活满怀悲戚，和那些"善解人意"、过度敏感的自卑者一样，我们总是心事重重，没有办法总是对生活满怀笑脸，我们成不了类似于肯德基老爷爷那样笑脸的人物。可事实上好与坏全在人心，全在于我们自己是如何去想去看的。没有什么会比拥有一颗乐观积极的心更让人感到轻松愉悦了，对于乐观的人来说，你所做的、所看到的、所想的都是可控制的，你很可能轻松地预订了那份成功。所以对于年轻人而言，你需要更加积极乐观一些，当你成为一个乐观派的时候，也许就离成功不远了。

只要你想成功，你就一定能成功

成功首先来源于一个信念，这个信念取决于你能够走多远。

——哈佛法则

美国总统威尔逊说过："我们因梦想而伟大，所有的成功者都是大梦想家，在冬夜的火堆旁，在阴天的雨雾中，梦想着未来。有些人让梦想悄然灭绝，有些人则悉心培育、维护，直到它安然渡过困境，迎来光明和希望，而光明和希望总是降临在那些真心相信梦想一定会成真的人身上。"

威尔逊在哈佛大学的时候就表现出了乐观的精神，他总是怀抱梦想，对生活充满期待，那时候他和室友打赌说自己将来一定会成为总统的，后来他赢得了这一次的打赌。成功似乎总是非常善意地对待那些满怀希望的虔诚者，你可以看一看那些伟大的人物，他们从来没有怀疑过自己会实现梦想：巴菲特在结婚的时候，将买房子的钱全部用来投资了，他告诉妻子说自己会成功的；比尔·盖茨在哈佛上大学的时候，对自己的母亲说自己一定会在电脑领域获得不凡的成就；埃里森在创业之前，指着质疑者的鼻子说："我现在不想理你，只是因为不久之后我会成为一个大人物。"

这些人的行为简直让人吃惊。我们常常做一些无聊的假设，认为自己如果面对那样的情况，也会那样做的，但事实上我们会吗？换成是你，你会怎么做呢？你是否也会如此乐观呢？答案恐怕是否定的，因为多数人都缺乏一种勇气和乐观的心态，我们似乎习惯了把问题往坏的方面去想，习惯了保持内敛和谨慎。当别人问你：你想要获得成功吗？你当然会想。那么你认为自己会成功吗？答案恐怕又是否定的。

从一开始，我们就总是持怀疑态度，我们对于成功保持一份戒心和谨慎，我们想要有所作为，但是却刻意保持低调的姿态，却总是显得那么卑微。我们害怕去想，仅仅是因为担心自己做不到，担心自己最后会失望。可以说那些成功者给我们树立了一个标杆，我们因为成功者身上的光环而错估了这个标杆的高度，我们总认为自己做不到，所以根本不会去想成功的事情。不过我们却忽略了一个积极乐观的态度对生活的影响，我们忽视了那些正面的积极的心理力量。事实上，只要你想，只要你坚定地认为自己可以获得成功，那么你成功的机会很大。正如卡耐基所说："只要你想成功，你就一定能够成功。"

哈佛大学做过一项心理研究，发现那些积极乐观的学生，那些想要获得成功且乐观地认为自己能够获得成功的人，最后获得成功的概率要比那些不抱任何希望的人高出 4 倍之多。这是一个很大的差距，意味着正面的积极的心理实际上也是催化成功的一个关键要素。心理学家认为之所以出现这些差距，就是因为人在做事情的时候，总是会喜欢进行评估，看看自己成功的概率有多少，然后再决定自己这样做到底值不值。这种想法会在有意无意中影响我们的状态，也会影响最后的付出。

在哈佛大学中，老师们鼓励学生去幻想成功，培养学生对成功的渴望和信心，当学生们都想要获得成功的时候，那么就一定会动用所有的力量去追求和奋斗，这就为成功提供了一个很好的保障。奋斗需要建立在一种积极的信念之上，有了这样的信念，我们才愿意付出和努力，想要成功就是一个原动力，是一种信念，我们需要培养和利用这样的信念，这样才能确保成功的到来。

事实上，我们坚信自己的付出是有回报的，那么我们就会创造更多的价值，因为我们注定会全心全意为成功付出更多的东西。我们坚信自己能够完成某件事，那么我们所做的那件事必定会非常完美，这和我们的能力可能无关，而是因为我们的态度和信心。乐观的人总是预订了成功，他们知道自己想要什么，知道自己该如何去满足这个愿望。

这对年轻人是一个启示：一个人如果想要干一番大事，就需要给予自己足够的信心，要坚信自己就是为成功而生的。多数人认为这很狂妄，但是我们为什么要害羞，为什么要谨慎和恐惧呢？想一想，其实每个人都有追求成功的权利，这是一种天性，我们需要做到更好，需要追求更多更好的东西，我们有提升自我的诉求。正因为如此，我们需要好好利用这样的权利，即便是在最卑微困顿的环境中，我们也要保证它不被夺走。这就是我们在生活中应有的态度，它使我们更加乐观地面对困难，使我们更自信地经营自己的生活。

不幸是成功路上不可或缺的经历

当不幸找上门的时候，往往是你最佳的成长机会。

——哈佛法则

戏剧大师莎士比亚曾经对一个失去双亲的孩子说："孩子，你会是幸运的，因为你拥有过不幸。"很多人大概都认为莎士比亚疯了，可是他接着说："不幸会给人最好的磨炼。因为你知道失去了依靠，今后一切只能靠自己了，你会很快成熟干练的。"我们不知道这个年仅10岁的孩子能否听懂他的话，但40年后，这个小孩儿成为了英国剑桥大学的校长，他就是著名的物理学家杰克·詹姆斯。

不幸在促使我们成长吗？我想是这样的，至少拥有不幸的人，他们的阅历总是更加丰富一些，当然这并不意味着所有的人都能够意识到这一点。坦白说，没有人会喜欢遭遇不幸，你不喜欢，我也不喜欢。但是生活常常会打搅你，会剥夺你应得的一些好东西，会给予你一些惨痛的教训，这是没有办法回避的。

当不幸来敲门的时候，你可能会像只脱离车子的轮胎，到处打转，无止境地诉说自己的不幸，坚称自己受过很大的挫折。你在寻求理解和安慰，你在逃避现实，并认为自己是个受害者，你对生活的公平性持有怀疑态度，你还因此失去了抓住美好生活的勇气。但这只是你的托词，对于成功者来说，事情可完全不是那么一回事。他们承认困难和失败的存在，但是并不消极悲观，并没有逃避或者恐惧，而是更加客观地对待自己的不幸，并且将其当成成功路上必须经历的磨砺之一。

当贝多芬在那里忘情地演奏《第九交响乐》的时候，你会认为他是一个聋子吗？当爱迪生发明了电灯之后，你能够想象他此前已经失败了几千次吗？当曼德拉在人们山呼海啸般的掌声中当上南非总统时，你意识到这位老人已经坐了几十年的牢了吗？每一个伟大人物似乎都经历过失败，都遭遇过不幸，可以说他们一生中的多数时候都不够顺畅，而依靠这些不幸，他们才有机会、有权利去获得自己相应的荣耀。

好吧，不得不承认有些人一生都在失败，都处在不幸当中，他们是典型的跌倒再跌倒的倒霉鬼，但是他们总是很顽强地站起来，而且他们在最后获得的成就往往都是非凡的。不要说那是运气，不要说他们能力更出色，你只能感叹自己还没有经受那么多的不幸，还没有从不幸中领悟到生活的真谛是什么，当别人的轮子回归到车轴上继续前行的时候，你还在漫无目的地打滚。

生命中不排除出现很多挑战，有时候你会失败，会遭遇不幸，但你需要接受所发生的一切，这些就像你身体的一部分，是你生活中的一部分，你不能去逃避、去脱离，你的成功更是离不开它们。你需要意识到人这一生其实大部分的时间都处于失败当中，都活在不幸当中。但是最终你会成功，当然前提是你需要正视这些挫折，你需要将它们当成慰藉自己的一种力量。

想要获得成功，你需要有更大的勇气来面对那些失败生活，你需要更加理性乐观地看待自己生活中的一切。如果你害怕那些失败，你讨厌去面对挫折，你总是觉得自己要么就一帆风顺，要么干脆什么也别做，那么最后注定难以成就大事。这就像蚌一样，当沙子进入柔软的身体后，它根本想不出任何办法来弄出沙子，它只能选择接受，然后想办法分泌珍珠质将沙子包起来，使它成为身体的一部分，而当沙子上的珍珠质越来越多时，就成为了珍珠。

哈佛大学图书馆中有这样一句话："没有艰辛，便无所获。"生活中总会存在磨难，当然关键在于你是如何看待这些苦难的，你是抱怨、自卑、绝望，还是奋起直追，这决定了你是否能够更快速地成长起来。对于一个乐观的人来说，不幸的事情就是一段宝贵的人生经历，你需要从中汲取更多的养料来促进自己前行。

马歇尔曾是哈佛大学的导师，但是在一次交通意外中，他失去了自己的双腿，当他坐着轮椅回到哈佛大学执教的时候，已经 65 岁了。校长特意为他安排了一次回归性的演说。当他出现在讲台的时候，他真诚地说："这双腿着实使我伤心了好一阵子，但是现在它们使我更加尊重生命，使我能够更好地利用晚年生活，使我更加热爱生活、热爱你们。很高兴，到了这一年纪，我还在成长。"

《钢铁是怎样炼成的》的作者奥斯特洛夫斯基曾经说过："钢是在烈火

和急剧冷却中锻炼出来的，所以才能坚硬和什么也不怕。我们这一代也是这样在斗争和可怕的考验中锻炼出来的，学习了不在生活面前屈服。”我们也用不着害怕失败，反而应该更加乐观地看待人生的那些失利，很显然，我们需要它，成功也需要它。所以当你年轻的时候，需要寻找一种爱、一种乐观精神来面对那些不幸，需要将那些生活中的阴影当成一种追求阳光的动力。当你正在不幸的路上时，实际上很可能已经在通往成功的道路上了。

第八章

法则 8：

自控——要征服世界，先要学会自我管理

在哈佛大学中，每个学员都会被要求尽量成为一个合格的自我管理者。所谓自我管理，并不仅仅是自我提升、自我实现，还需要懂得如何去自我克制。“自律”是哈佛大学中一个重要的法则，因为只有善于自律自制的人，才能够更好地面对生活的各种挑战和压力；而对于那些缺乏自制力的人来说，如果你自己本身就处于放纵之中，那么请不要抱怨为什么没有人阻止你去做傻事。

自制力是日常行为的一把保险锁

克制是让自己保持理性的唯一方法。

——哈佛法则

1986年，哈佛大学举办了350周年的庆祝典礼，其实早在300周年校庆的时候，校方就请了当时的罗斯福总统来参加典礼，这一次，为了保证学校典礼能够举办得隆重一些，学校诚心邀请当时的里根总统来参加。这原本是一件好事，不过里根总统却提出了一个令哈佛为难的要求，那就是希望哈佛可以授予他荣誉博士的学位。

作为一个国家的领导人，如果开口说想要得到一个荣誉学位，恐怕全世界会有几百家名校争着抢着把握这样的机会，但是哈佛却认为自己一直以来都是按照学术水平来授予荣誉学位的，这是一个维持了几百年的传统，万万不能随意更改。为了保证大学学术的重要性，哈佛大学拒绝过度政治化和商业化，仍旧严格律己，不做丝毫有损校规的事情，所以校方拒绝了里根的要求。里根总统似乎感觉到很没有面子，于是就没有来哈佛参加典礼。

在哈佛大学看来，自律、自控、自制是任何人都应该做到的事情，只要违背了原则，只要不符合法规，那么就没有必要去理会，因为学校觉得如果一个人做不到自我克制，那么就容易做错事，最终损害自己的利益。

任何时候，我们都需要一种责任感，我们需要对自己的言行负责到底，只有严格管理好自己，才能尊重自己，才能更好地塑造自己。你需要给自己设置一道枷锁，才能适当控制自己的行为，才能引导自己走向成功。

有关自我克制，很多人并不在乎这一点，也没有意识到自我克制的重要性。其实很多时候我们不妨问问自己：在逼迫和利诱面前我会如何应对？我如何去忍耐一次次的失败？我如何处理那些危险事故？我如何控制好自己的激情或者怒气？我如何在失去监督的情况下保持本我？这些问题都是我们不容易也不常思考的，但这样的事情很可能每天都会发生，很可能会给我们制造麻烦。比如一旦我们不懂得克制，那么很容易引发冲突；一旦我们不对自己的行为加以克制，很容易犯错，甚至是犯罪；一旦自己不懂得克制，也许会因为一时冲动而做出什么错误的决定。

事实上，人是自由的，我们更应该寻求自由，但是自制力的存在不是为了限制我们，而是为了确保我们的行为能够保持在正确的轨道上，能够确保自己时刻监督自己。这是一种自我保护、自我促进、自我提高的重要方法，相当于给自己设置了一道保险杠，这样我们才会在正确的道路上做正确的事。

从这一层面来说，自制力甚至可以说是一种力量的保证。高尔基说："哪怕是对自己的一点儿小小的克制，也会使人变得强壮有力。"如果你想要让自己变得更加强大、更加成功，那么就要懂得去约束自己的行为，而这种自制力实际上就是力量的保证，是成功的保证。当约翰·肯尼迪竞选总统的时候，他高调地宣称：“一个连自己都控制不了的人，我们的民众会放心把我们的国家交给他吗？”这句话的弦外之音在于：如果一个人连自己也驾驭不了，就更别说去驾驭整个国家了。这位可爱的肯尼迪先生是否有托大或者自夸的嫌疑，这并不重要，但至少有一点他做到了，他最终成了美国总统。

今天我们如果还在为自制力争论不休的话，这实在是没有必要的，我们的生活已经告知了一切。比如美国是一个自由主义泛滥的国度，每个人都有机会表达自己的个性，但是这种散漫的民族情绪和个性，实际上成为了高犯罪率的主因。当人们认为自己可以拥有枪支，可以大胆表现自我的时候，情况就容易失控，他们不再满足于自己应有的部分权利，而是想办法扩充自己的需求，想办法解除更多的束缚，这时候多数人会选择放纵自己。在由来已久的社会习惯中长大的孩子，通常是很难形成自制力的，他们依据自己的想法行事，根本不会在乎什么规则和束缚。也许美国人的创新意识是最强的，但是个体所爆发出来的破坏力和危险程度也可能是全世界比较高的。

所有人在强调民主自由的时候，很少有人去想过自制力的缺失实际上会带来不可估量的社会性危害。比如很多人至今都在为枪支管制的事情头痛，但是枪支的危害性不如人心，克制不了自己行为的人，内在的黑暗会很容易爆发出来。事实上如果每个人都愿意为自己的行为负责，都愿意克制自己的情绪和想法，那么就不会出现那么多的悲剧事件。

归根结底，还是一句话，无论面对什么，你要为自己所做的事情、所说的话负责，你应当努力寻求一种自我驾驭的能力，要将自己牢牢控制住，不能被情感牵着走，不能被社会环境轻易地影响。无论什么时候，你要始终明白自己哪些事情可以做，而哪些事情则是万万做不得的，这是一个最基本的前提，你所有的行动准则都以此为基础。

对于年轻人来说，想要做到完全克制几乎是不可能的，但是最基本的克制能力还是应该培养起来的，因为你所要面对的生活还很复杂，你所要走的路也很长，而一时的冲动或者放纵足以毁掉一切美好的未来。克制自己的想法和行为，其实就是为生活提供最大的保障。

情绪化是致命的诅咒

情绪失控的时候做出的任何决定，都不会是正确的、合理的。

——哈佛法则

通过对犯罪者的心理进行研究，我们常常疑惑这些人到底是因为什么而犯罪，确切地说，他们的犯罪动机是什么。哈佛大学曾经对此做了长期而深入的研究，结果发现56%的犯罪活动都是没有预谋的，只是因为一时冲动。一时冲动，这是一个可怕的词，想一想，两个互不相识、素无仇怨的人突然就大打出手。在布鲁克林或者纽约皇后街区的黑人社区内，枪杀、复仇、抢劫、挑衅、没理由的冲突，每天都在上演，那些无辜的孩子就是因为难以控制自己的情绪而犯下错误，也许他们本身是很好的孩子，但是偶尔的一件小事就造成了悲剧的上演。这类暴力事件恰恰折射出我们对自己的放纵，以至于在某一瞬间，我们就轻易被情绪的恶魔抓住了。

此外，很多人一生中大约会做上千个错误的决定，这是一个非常惊人的数字，试想一下，如果这些错误中有一半是正确的，那么我们的人生所达到的成就也将是非常惊人的。但是这种假设可以说并没有多少实际意义，因为我们总是轻而易举地犯错，而这无关能力、信仰或者是智慧。事实上，我们的错误决定大部分都是在情绪失控的时候做出的，我们太容易情绪化了。

无论是犯罪还是某些错误的举动和决定，实际上都折射出人性的某些弱点，证明了情绪化对个人的伤害，可以说情绪往往是伤害个人的一个重要因素。更让人不安的是，对于外界的灾难，我们常常会选择躲避，我们似乎有一定的把握和能力去感知外界的伤害，但是却总是对自己犯下的过错浑然不觉，而且当我们意识到自己的举动会带来严重威胁的时候，往往已经太晚了。

在事后才发觉自己的错误，这正是情绪化的一个重要特征，它使得我们模糊或者忽略了事情的危险，麻痹了我们对于危险的感知，以至于很难在行动之前有一个阻碍自己的理由。我们总是告诫自己："好吧，就这样做吧，这没什么大不了的。"可以说在那一个瞬间，你失去了自我，完全被情绪控制住了，它给你一把刀，你就会去伤害别人，给了你一个方向，你就会沿着错误的方向走下去。然后等到冷静下来，我们才会意识到自己做了多么愚蠢的事，才意识到自己犯下多么严重的错误。

哈佛公共政策学教授凯玛克说："做自己感情的奴隶比做暴君的奴仆更为不幸。"在凯玛克看来，当一个人受制于人时，他还会存在自主意识，他知道什么事情对自己是有益的，什么事情则是无益的，这一点他会做一个权衡。而一个被自己感情所影响和控制的人则很难意识到自己做了什么，这种情况显然会造成更为严重的后果。

凯玛克曾经是布什总统的幕僚，不过他有一次因为和同事存在分歧，结果一时冲动做出了退出的决定，当时他的想法是没有必要“同流合污”，但事情并没有那么严重，没有多少人会在意他是否和自己对立。凯玛克的直性子和冲动毁掉了他自己的前程，因为退出已经被当成了一种政治示威，他不可能再回去了。后来，冷静之后，他意识到每年发生在美国两党之间、党内之间的争吵和分歧不下 100 次，就这一点来说，他的事情简直就是毛毛细雨，但是情绪化的行为表现使得他失去了继续在白宫效力的机会。

古埃及人将情绪化当成一种诅咒，古罗马人则将情绪化的人当成屠夫，可以说人们对于情绪所携带的那种危害是感到恐惧的。但是很少有人可以控制情绪化的恶魔，多数人习惯于跟着情绪走，就像吃饭睡觉一样，遇到开心的事情就得意忘形，遇到不好的事情就悲伤，心情不好的时候容易动怒，受刺激时喜欢冲动行事。这种随意性很容易毁掉我们的生活，也很容易对他人造成严重的困扰。

调节情绪显然很有必要，不过，有关如何去掌控和调整自己的情绪这个问题，我们常常感到无能为力，并总是想办法寻求外界的帮助。这就不难解释，为什么只占世界总人口 5% 的美国人最终却吸食了世界上 50% 的古柯碱；和这个世界的其他国家一样，我们一再抱怨美国政府为什么不断扩大国防开支时，却不曾想到这恰恰是美国公民一年饮酒的金额。还有那些用于治疗心理疾病、克制情绪的药物，实际上每年都高达成百上千亿美元。

这些钱花得并不算冤枉，但是并没有到位，因为我们忽略了一种最简单最有效的方法，那就是自我控制。心理学家和科学家都证明了依靠酒精或者药物来麻痹自己并非是一种合理的解决方法，反而会让个人的情感、情绪有面临崩溃的危险。而自我控制则是一个相对安全的方法，而且还能够从根本上提高我们对于情绪的掌控和调整能力，使我们能够以最佳的心态去面对生活。

我们要掌握控制情绪的能力，要尽量避免出现情绪化的现象，这种能力实际上恰恰展示了一种新的平衡关系，一种内在的平衡，它使得你不会过多地参照个人意愿来行事，更不会因此而做一些让自己也意想不到的事情。这种能力正是年轻人应该具备的，因为年轻人的情绪实际上处于最具活力的状态，这意味着它很可能会走向极端，很可能会强势地控制我们的思维和行动。从这一方面来说，“你还很年轻”绝对不是一个褒义词，你的确很年轻，因此需要更加懂得克制自己的情绪，不要让情绪给青春带来压力。

没有人会为你的坏脾气“埋单”

坏脾气在伤害他人的时候，也会伤害自己。

——哈佛法则

在生活中，我们应该会见到不少坏脾气的人，那么我们又是如何看待自己的呢？你是否性格狂暴，动不动就发火，动不动就和人闹别扭？你是否总是批评自己的下属，觉得他们的工作一无是处？你是否下班回家后喋喋不休、唠唠叨叨，只要觉得不顺心，就喜欢到处嚷嚷？你是否常常傲慢自大、目中无人，从来都不懂得尊重别人？你是否觉得自己是一个难以相处的人呢？

也许你并没有意识到自己的脾气有这么坏，或者说你认为周围的人都能够习惯于这种脾气。但无论如何，当你站在那里对别人指指点点的时候，多少都会对相互之间的关系造成一些影响，哪怕是最熟识的人，也会因此而心生嫌隙，至于不相识的陌生人，则更容易因此而激化矛盾。

事实上，那些脾气很坏的人通常都会让人觉得他们总是对人不对事，而且有故意整人的倾向。心理学家让 300 名测试者和那些脾气暴躁的人接触之后，询问他们的感受，很多人表现出恐惧和厌恶的意思，而且心理学家还发现多数人在与这些坏脾气的人接触时，保持的对话距离通常是 3 米开外，这样的距离实际上证明了大家是处于防备状态的。可以说多数人是非常排斥和那些坏脾气的人待在一起的，因为他们害怕受到伤害，而且他们觉得对方有伤害别人的倾向。

从最现实的角度来说，坏脾气的人最后反而会孤立自己，会受到大家的排斥和挤压，这就证明了一件事：没有人愿意为你的坏脾气埋单，你的所作所为实际上反过来会伤害自己的利益。是的，你很快会发现，下属们的工作状态越来越差，而且辞职率和跳槽率升高；你会感受到周围的朋友对自己越来越冷淡，对你的看法越来越糟糕；你会发现家庭问题总是越来越严重，越来越糟糕。当你没有办法收敛自己的行为时，别人对你的厌恶肯定会与日俱增。

大家可能不知道与哈佛大学齐名并且与之相互竞争的斯坦福大学，它的诞生竟然源于哈佛校长的嘲讽。多年之前，一对老夫妇赶到哈佛大学来见校长，不过由于事先没有预约，他们显得很局促，再加上穿着打扮很普通，哈佛大学校长的秘书显得很不耐烦，而校长更是随便找了个借口拒绝接见。

老夫妇只好在一旁等待，几个小时后，校长没有办法，于是决定见见这两个人，当然，态度非常傲慢。老夫妇见到校长后，用恳求的语气说："我们的儿子在哈佛读了一年的书，他特别喜欢哈佛，但是一年前，他在一次意外事故中丧生，所以我们希望在校园的某个角落中建一栋建筑来怀念他。"

校长觉得很可笑，他不耐烦地说："夫人，您可真会开玩笑，我们怎么可能为每一个曾经在哈佛上过学而逝世的学生建雕像呢？假如我真的同意了你们的要求，那么哈佛的校园将不再是校园，而是墓园了。"

妇人连忙摆摆手："哦，不，不，不是建雕像，我们是想在学校建一栋建筑。"

校长看了看这对寒酸的夫妇，觉得他们的想法简直就是痴人说梦，他很不耐烦地对这对夫妇说："你们知道在哈佛建一栋建筑需要多少钱吗？我们学校里的每一栋建筑可都超过了750万美元。"

老妇听后，沉默良久，然后对着丈夫说："建一栋建筑就要花费那么多钱吗？为什么我们不建一所属于自己的学校呢？"丈夫也觉得建一所大学要比捐一栋建筑给别人更划算。

接着这对夫妇在校长的冷嘲热讽中离开了哈佛，不久之后，这对老夫妇在加州投资建立了一所大学来纪念自己死去的儿子，并且将这所大学命名为斯坦福大学。实际上，这对老夫妇就是中央太平洋铁路公司的创始人，他们的儿子小利兰·斯坦福在前往欧洲的旅行途中感染伤寒而过世。很显然这对富豪老人原本希望在哈佛大学为自己的儿子建造一栋建筑来作为纪念，但是却遭到校长的冷落和嘲讽，而这也成就了斯坦福大学的诞生。

这也许是哈佛大学历史上犯下的最大错误了，可以说正是由于校长的坏脾气和傲慢，才导致哈佛大学多了一个劲敌，而哈佛显然只能自食其果。而学校并不避讳这件事，反而将这个错误永久地写进了哈佛大学的教材当中，因为学校希望每个哈佛学员都能够记住这一点，要努力控制好自己的情绪，要懂得改掉自己的坏脾气，尽量对人友善谦和一些，以免犯下类似的错误。

很显然在生活中我们也常常会有一些情绪上的失控，也会克制不住自己的坏脾气，动不动就对别人发火，对他人指指点点，自大傲慢，我们似乎不害怕去得罪别人，但是最后的受害者会是谁呢？答案很明显，那就是你自己，而且你永远不要指望别人为你的坏脾气埋单。

也许我们是一个好人，我们从来不曾想过去伤害任何人，我们的所作所为根本没有任何恶意，只是一种急性的表达方式而已，但是别人未必会这么去想，未必能够感受到我们的坦率和真诚。所以适当的自我克制是非常有必要的，这是平衡人与环境之后做出的一种妥协和调整，目的是为了减少彼此之间的隔膜和冲突，而这是年轻人需要学习的一种谋生技巧。

不生气，永远不拿别人的错误惩罚自己

在面对别人的错误时，生气是你所犯下的一个最大约错误。

——哈佛法则

你通过愤怒或者暴力来抗议，实际上所收到的效果并不好，愤怒或者暴力永远没有办法让问题平和地解决。当你怒气冲冲地冲着别人大喊“将你的臭脚从我鞋子上移开”时，不会担心对方再次补上一脚吗？也许你不怕将事情闹大，你有足够的胆量、勇气和块头来维护自己的安全，但是事情完全被弄复杂了，因为愤怒会激化冲突，这时候矛盾的焦点和重心会转移，没有人会真正在意因为一件什么样的小事引发的误会，反而会将你的愤怒当成切入点。退一万步来说，你在那里张牙舞爪地与别人针锋相对时，除了可能引发暴力事件之外，你的鞋子还是白白挨了别人一脚，事情没有任何改变，问题依然没有得到解决，反而会增加新问题。

当你反过来看这件事，就会觉得那其实是微不足道的，你根本没有必要生气，没有必要为之愤怒。如果你足够明智，自然会注意到个人与社会其实免不了会发生一些冲突，个人在社会当中所扮演的角色实际上也会和人发生矛盾，这是一个再正常不过的现象，这种小摩擦是人际交往中的一部分，我们完全没有必要小题大做。我们总是不会去想想自己为了什么而生气，其实愤怒的诱因不外乎自尊、嫉妒、虚荣。很多人似乎根本不关心自己是否真的受到了影响和伤害，多数情况下只是为了赌气，为了示威，试图以此来提醒对方不要越界。

我们习惯了对别人的误解感到愤怒，习惯了去抗争，但是这种过度的提醒和自我保护反而会引起更大的反弹和伤害。毫不客气地说，你这只是在自讨苦吃。我们似乎忘记了一句话：当你不被激怒的时候，没有人能够煽动你的怒火，也不会有人引导你做什么傻事。而德国学者康德也说：“生气，是拿别人的错误惩罚自己。”当你斤斤计较于别人的过错时，实际上就会给自己招来不必要的麻烦。

哈里曾经是哈佛大学的导师，后来他辞掉了学校的工作，专心回到家乡参加州议员的竞选，当时的哈里能力出众，加上有哈佛大学的光环缠绕，使得他成为了最有实力的候选人。不过很快就有人到处造谣，说哈里在三四年前的州教育大会上，曾经和一个中学女教师纠缠不清，两人似乎发生了暧昧关系。这当然是对手们的诬陷，实际上每一次竞选都会出现类似的新闻，大家都见怪不怪了，可是哈里却一直想着澄清谣言。

正因为如此，每次参加集会，哈里都会在集会中进行解释，对造谣者表达了自己的愤怒。但事实上很多选民对于这类新闻根本无动于衷，很多人甚至都没听说过这件事，而由于哈里常常到处解释，结果选民们相信这件事真的发生过了，大家还非常肯定地说："如果哈里真的问心无愧，那么他就不会如此在意这些事了。"最后就连他的妻子也开始怀疑他，结果哈里的名声越来越差，最终在竞选中完败给对手。

其实如果一开始，哈里就能够忍受造谣者的攻击，不将其当成一件大事，那么他也不会好端端地惹祸上身。这件事可以延伸出一个基本的道理：如果是一条狗咬伤了你，难不成你也要反过来去咬那条狗吗？

"冲突止于此"，若是你足够明智的话，就不要盲目地去为别人犯下的错误生气，因为根本没有必要。你应该想想它可能会给自己的生活造成什么影响，这样也许就能够理解到其实自己的愤怒根本没有任何意义，只是徒增了许多不该有的烦恼。你不要轻易去承受别人所犯下的错误，因为这不是你该去承受的，而且你的生活可能完全承受不起。每个人都需要对自己的生活负责，每个人都需要对自己负责，不要让别人的错误伤害自己的幸福。

事实上，当别人惹到你或者你的家人时，出于本能，也许你渴望成为一个超级英雄，你总是提醒自己应该更男人一些，你告诫自己也许仅仅需要一根球棒，就能轻轻松松解决那几个爱惹事的家伙。但是当你冷静下来之后，你会觉得自己所受到的伤害也许无足轻重，相反，那些“坏蛋”也许更加可怜。是的，就是可怜。他们一定也经常遭受别人的恫吓和威胁，也一定被人毒打，这导致了他们本能地抗拒，使他们热衷于挑衅闹事，使他们将自身卑微的感受发泄到别人身上，并以此来获得满足。

他们尽管表面上看起来强大蛮横，但内心却是恐惧的、卑微的，这似乎是每一个喜爱闹事的人的共性。了解这一点将有助于改变你的态度，有助于克制自己的行为。你应该庆幸自己没有成为那样的人，你没有借助暴力的抗争来发泄内心的不满，你没有因此而成为一个活在卑微和恐惧中的人。所以，最重要的是你需要保持微笑，去同情他们，以免自己将来也这样被人同情。

其实多数年轻人都容易在这类事情上犯错，暴躁、冲动、做事不计后果，这些几乎是年轻人的通病。一个成功的年轻人，必须要做到自控自律，要合理地约束自己，要控制自己的情绪，不要轻易生气和动怒。只有保持冷静和理性，你才有机会更好地处理所要面对的各种挑战和磨难。

淡定，远离浮躁和冲动

浮躁会将你推向失败的人生。

——哈佛法则

在日常生活中，我们很容易做出错误的决定，而这些错误很可能来源于我们不是很成熟的考虑，外在的诱惑、环境的逼迫、冲动行事、盲从思维，这些都会让我们犯错。有时候，也许我们没有办法当场发现错误，没有办法弄清楚自己所做的选择是正确的还是错误的。但是不久之后，或者过了 30 年、40 年，你就会对自己所做的事情感到困扰，你会产生怀疑。事实上，很多人都搞不清楚自己的生活模式是否正确。

什么样的生活才是应该过的，才是我们值得去过的，这并没有一个固定的标准，如果你深深地了解生活是怎么样的，你领悟到自己需要何种生活的时候，你就会做出最真实最正确的选择。这种了解的途径不是来源于你的知识，不是来源于外在的诱惑，更不是来源于父母的教诲和期盼，你在做自己，在做自己内心最想要做的选择，这是你区别于其他人，并获得自主生命的机会。

你需要做的是让自己的内心保持清明状态，这种状态并不是来自于豪华别墅的诱惑，不是年薪千万美金的华尔街精英之吻，也不是来源于我们一时的冲动。从生活意义这一个角度来说，一个银行家和农民并没有什么本质上的区别，他们都在享受自己的生活，事实上，农夫对于生活的领悟也许要更深一些。这并非是对银行家的不敬，也并非是对那些成功人士的不敬，而是因为那些所谓的成功人士也许处于一种严重的失控状态，他们被钱绑架了，被名声和地位绑架了，被自己庞大的野心和无止境的欲望绑架了，可以说他们失去了自我。

当然，克制自己的欲望，克制自己的野心，这并不容易办到。数千年以来，我们早就习惯了去夺取，像禅学家或者僧侣那样坐在那里思考，这很不靠谱，没有人愿意这么做。我们还是应该有所收敛，要注意放空我们的心，这种放空不是抛弃，不是一无所求，而是一种心灵的救赎，我们通过抑制欲望和野心，通过摒除外在世俗的干扰，来获得对生活的选择权。我们希望当自己说出“这就是我想要的生活时”，能够不掺杂任何世俗利益的影响，我们希望这是一个在平静状态下的遵循来自内心的指引，我们淡然地接受生活。

哈佛大学是全世界最成功的大学，但是这一切并不是因为哈佛大学注重包装，与此相反，它尽量拒绝和更多的商业行为结合起来，这样才能够确保学术氛围的浓厚。有个哈佛学生曾说：“在和平年代，这里是哈佛；当战争发生的时候，这里仍是哈佛。当经济高速发展的时候，这里是哈佛；当金融危机席卷而来的时候，这里还会是哈佛。”由此可见，哈佛的成功不是因为它所取得了哪些成就，而是因为它一直在做自己，它融于现代商业社会，却没有受到太多影响。哈佛一直试图克制自己的商业计划，努力远离外面的干扰，从而保持自己的独立性。

这份独立性得以保存，关键在于冷静和淡定，如果哈佛是狂热的，是浮躁的，是盲目冲动的，那么哈佛也许会扩张到比现在大 10 倍的地步，但是它却会失去哈佛的本质和内核。这种自我约束的能力对于学子们是一个很好的保护，它使学生们免于各种干扰，以免过早地被世俗所诱惑。哈佛教育学生要树立梦想，但是不要把成功看得那么重要，因为一旦过多地关注成功，那么很容易被其他东西所吸引。

心理学家发现每个人都具有趋利性，这是浮躁的根源，正是由于这种趋利性，往往会导致我们迫切想要获得成功而加速前进，这样反而容易出现失误。印度的哲学家克里希那穆提说：“我们这一生所要做的最完美的一件事，应该是把自己的节奏放慢一些。”节奏慢一些，我们才会有更多的思考时间，才会抑制自己的欲望，才会有更深层次的理解，才会有更多的机会来体验生活，才会脚踏实地，一步一个脚印地追求自己的目标。

我们需要按照自己的规划去掌控生活，按照自己的态度去选择生活，因此保持淡定的心态很有必要，它使我们能够保持本体意识，使我们能够充分考虑自己的真实需求。年轻人通常会在人生抉择上犯错，容易被各种外在的不利因素所干扰，他们太浮躁了，对于人生的领悟能力还不够，对于成功的概念也很模糊，他们对于生活的所有印象很可能仅仅来源于外在世界所呈现的那样，欠缺思考和分析，当别人认为这样做很好的时候，他们就会跟随，就会冲动行事，这显然是大忌。

事实上，年轻人更需要保持冷静，要懂得仔细去分辨，需要善于克制自己的欲望，不能被欲望冲昏头脑，做事前最好先冷静下来想一想，遇到各种诱惑时，则要保持理性和淡定。当你试图以一种更为平和的心态去看待问题时，才会听从内心的声音，也才能够发觉问题的本相。

第九章

法则 9：

热情——做任何事都成功的人，只因他们有单纯的热情

我们总是提到天赋、能力、机遇的重要性，却不知如果想要获得成功，那么你要足够努力、足够专注，要拥有足够的耐心和毅力，你必须对自己所做之事保持渴望，必须懂得保持足够的忠诚度，而想要做到这些，就需要保持我们的热情。热情是成功不可或缺的一个要素，缺乏热情的人通常都不会有足够的动力和能量去做完某件事，至少不会认真去做。只有投入足够的热情，我们的工作才能一直坚持下去，才能做到最好。

好奇心提供一个梦想，热情可将梦想实现

好奇能打造独属于你的梦想，而热情却能让它变成现实。

——哈佛法则

在一项伟大的科技成果诞生的时候，我们往往看重那些烦琐的原理，很少有人去关注这项成果背后的成因：是什么促成了它的出现？是什么推动我们这个社会进步？又是什么在引领着我们不断坚持奋斗？我们被那些成功的光环所遮蔽，但事实上这些伟大的成果最初也只是一个小小的梦想，而梦想则源于一份好奇心。

为什么小鸟能够在天上飞？为什么鱼儿能够在水里长时间游来游去？是什么造就了白天黑夜？我们能够抓住闪电吗？我们如何留住自己的影像？我们来自何方？我们又将进化成什么模样？为什么基因是双螺旋结构？为什么人类的寿命会有一个限度？我们的好奇心促成了这些疑问的出现，而这些疑问又导致了梦想的出现。但事实上光有好奇心还是不够的，想要把梦想变成现实，就需要加入自己的热情，这种热情可不是单纯的好奇心能够取代的。

这个世界上不乏有好奇心的人，我们对于未知的东西总是会产生兴趣，这是人类的天性，好奇心的出现为我们了解自然世界、了解宇宙生命提供了一种契机，为我们提供了一个梦想，我们愿意假设和想象当自己具备这种能力时会怎样，这是最初的神话故事以及巫术、占卜术出现的契机，无论是中国文化、古希腊文化、古印度文化、古埃及文化还是南美的玛雅文化，它们的发源实际上都是由各种好奇心和梦想组成的，它们寄予了人类对未知世界的迷恋和追寻。

但追寻和实践梦想是一个漫长而艰苦的过程，没有足够的热情，你是没有办法做到更加完美的，没有热情，你的梦想也很快就会凋零，因为你不会长时间都努力去付出。牛顿绝对不是唯一一个，也不是第一个被苹果砸中的人，他也许还不是第一个为此感到疑惑的人，但是最终只有他一个人产生了强烈的兴趣，只有他愿意倾注自己的热情去解开心中的疑惑，而他的热情最终敲开了以万有引力为基础的现代物理学的大门。

多数人都拥有好奇心，但是却还不具备热情，我们感兴趣的东西很多，好奇的东西也很多，但是很不幸的是有兴趣坚持下去的人却很少，多数人只是初窥门径，却没有什么太多的想法，更是缺少毅力和耐心。你总是说“我想干……”“我觉得这很有趣”，但是你始终不明白什么叫作热情。你对这件事很感兴趣，你想要去尝试，你觉得自己大概被迷上了，但那很可能只是你一时的想法，当你冷静下来之后，你还会这么去想吗？你还能在一无所获的时候继续坚持自己的梦想吗？

哈佛大学当初只招收了 4 个学生，但是伊顿校长仍然客客气气地对学员说：“欢迎来到这里和我一起开始我们的探险旅程。”伊顿将读书当成是一种探险，这毫无疑问让哈佛变得更加神秘了，于是越来越多的学生抱着好奇心前来学习，最终渐成规模。之后哈佛的校长们还提出过一些另类的口号，艾略特就宣称：“你想知道自己即将成为什么样的人吗？为什么不到哈佛来试一试？”

当然谁都明白仅仅依靠好奇心是不足以真正在哈佛立足的，无论你的梦想是什么，你最终都要付出努力，都要投注自己的热情。学校希望任何人都能够专注自己的事业，能够热爱自己正在做的事情，因为热情可以令人梦想成真。

哈佛大学三年级学生杰克逊从小就非常喜欢机器人，因为机器人可以做出人一样的动作，甚至可以和人进行对话交流，为此他一直渴望制造出一个属于自己的机器人。与其说是机器人，倒不如说是仿生人，他非常好奇机器人是否可以像人类一样思考和活动。而为了做出一个和人类相差不大的机器人，杰克逊开始满怀激情地进行研究和实验。进入哈佛之前，他就已经是全美非常有名的机器人制造小专家了。上学之后，为了改进自己的机器人，他专门选修了生物学，此外，他还经常拜访学校里的生物学教授。2013 年 10 月，杰克逊在导师们的帮助下，制造了一台简单的仿人类的机器人，尽管机器人还没有达到会自主思考的程度，但是很显然，这个年轻人已经获得了非凡的成功，他坚信有一天机器人也会拥有属于自己的大脑和思维，而现在，他又全心全意地投入到新的研究中去了。

热情是成功的重要保障，当然在多数时候，我们的热情通常被头脑发热所捆绑，我们误以为自己想做某一件事即是热情，这显然是一个错误的认知。了解热情很重要，当你遭遇失败或者挫折的时候，你仍然爱着自己的工作，仍然为梦想而努力，这就是热情的一种表现。当然多数人根本做不到这一点，失败和挫折会冲淡他们最初的那种渴望。

年轻人在创新和观察方面要远远比别人更好，因为他们的思维处于最开放、最具活力的状态，而且年轻人的好奇心更强，他们在制造梦想方面具有无与伦比的天赋和优势，但是这些优势最终不能决定他们的人生高度。他们欠缺热情，换言之，他们太过于感性，而且精力容易分散，常常没有办法全心全意投入到某一项工作当中去。他们要做的就是保持热情，确保自己能够保持专注，能够有坚持下去的勇气和毅力．这才是实现梦想最重要的因素。

成功需要义无反顾的热情

成功者需要天赋，需要能力，需要运气，但更需要热情，没有温度的心是无法去燃烧生命的。

——哈佛法则

哈佛大学的心理学导师们曾经对很多毕业生做过调查，发现那些对工作保持热情的学生基本上没有什么跳槽的行为，而且最终获得的成就往往比较大；而那些只是为了挣钱养家的人往往会出现各种不如意，喜欢抱怨、不受重用、发展空间小、多次跳槽。很显然，热忱度决定了他们在各自岗位上的成就，决定了他们的前途。

这只是生活的一个方面，实际上我们对于人生、对于成功还缺乏更深的体验，你会发现其实无论自己做什么，都需要保持高度的专注，这种专注度并不是暂时的，它是一个很长的时间跨度，是从开始到结尾的延续。这种专注度也不是出于一种冲动、尊重或者敬畏，而是一种爱，你要爱自己的这份工作，无论它是神圣的还是卑微的，你都需要把你的爱和热心给予它，这是一种合为一体的介入方式。

对于任何人来说，生活中未知的东西太多了，我们所有的奋斗其实是一个探索的过程，你想要来了解事物的真相，想要了解事情的本质，就需要深入研究，需要将自己的心意全部投入进去，你要做的是全心全意，是义无反顾。当你失败的时候，不要怀疑；当你遭到挫折的时候，不要有恐惧和逃避。任何时候，你的目标、方向应该是一致的，维系自己和目标的就是热情。只有保持这份热情，你的探索才会深入、深入，更深入，你才会获得别人都期望已久的成功。

这就像是减肥一样，看你在意的是自己身上多了几斤肉脂，还是说你想要保持完美的、苗条的身材带来的那种自信，这是一种个人的审美体验。这两种想法听起来似乎没什么区别，但实际上却存在很大的差异，如果说是为了减少肉脂，那么你所能做的就是尽量管好自己的嘴，然后锻炼身体，这种简单关注自己减了几斤肉的行为，往往难以持久下去，因为当你发现自己吃了不少苦，当你发现自己付出那么多却收效甚微时，可口食物的诱惑、运动的残酷会让你很快放弃减肥。

但是如果你专注于某种感受和体验，那么你的审美观念会根深蒂固，而且很容易激发你的兴趣，为了继续保持这份体验，你会想办法去付出更多的努力，可以说这份兴趣和审美体验实际上就是一种热情。当你投入更多热情的时候，那么减肥成果自然会比较明显。

哈佛大学中流传着一句话：“从来没有一个成功的人对自己的工作是

保持冷漠的。”当你不够关怀自己的工作，当你欠缺一种忠诚度和爱，当你仅仅将工作当成一种挣钱手段来对待的时候，你是没有任何办法做到义无反顾和全心全意的。这就是开篇所讲的工作热忱度。其实不仅仅是工作，对于日常生活，我们也需要保持足够的热情，这是我们提高生活品质、增加对生活乐趣的体验的一种有效方法。

哈佛的校长艾略特曾经对学生说："如果每个学员都能够将读书看得比哈佛更加重要，那才是对哈佛大学最好的回报。”在说这句话之前，艾略特实际上已经发现了一个很大的弊端，那就是很多家长和学生之所以来到哈佛上学，并不是因为真的喜欢学习，而是为了博得一个好名声，一个“哈佛学生”的身份，这些人恰恰忽略了读书的本质，因此很容易因为缺乏热情而产生厌倦之心。依靠哈佛的招牌，很多人的热情可以在学校中坚持4年甚至更长久的时间，但是当他们进入社会之后，当哈佛所带来的优越感渐渐消失时，他们就会对学习、对工作、对自己正在做的事情失去兴趣。

艾略特是敏锐的，他意识到了过去发生、现在也在发生、将来还会发生的一些不合理事件，他觉得如果有人想要获得非凡的成功，并不是因为他进入了哈佛，而恰恰是因为他走出了哈佛。一个仅仅靠着哈佛名声而不自行努力和奋斗的人是根本不可能取得成功的，只有那些真正热爱学习、热爱本职工作的人，才会有所作为，因为这些人无论到了什么地方，都会全心全意地投入进去。

从来没有一个时代像今天一样，为年轻人提供了如此多的机会，而热忱是一个决定我们能否把握这些机会的重要要素。可以说，当人们的能力、资源、信息等方面的差距越来越小时，谁投入的精力越多，谁的热情越高，谁成功的机会就越大，我们可以完全将热忱看作成功路上一个最具活力的因素。毕业于哈佛大学的大作家爱默生认为："有史以来，没有任何一件伟大的事业不是因为热忱而成功的。"那些发明家、企业家、科学家、书法家、作家，各行各业中的精英无不是满怀热忱的工作者。如果没有投入一份热切的爱，你很难将工作做到极致，很难有什么创新和突破。

我们需要明白热情是一种内在的力量，我们的任务就是让这种力量慢慢觉醒，一旦这种力量觉醒，我们将会充满激情和斗志，就有能力将工作继续进行下去，而且能争取做到最好。这种力量，每个人都具备，我有，你也有，关键是我们是否愿意合理地利用它，是否愿意将这份力量完全释放出来。

当然，在年轻的时候，如何去理解热情，似乎有些困难。我们想做很多事，想当工程师，想成为影视明星，想要成为华尔街上的投资家，但我们是否清楚所做的那些事是自己需要做的，还是喜欢去做的，又或者只是一时的冲动。这有很大的区别，因为动机不同的话，我们的持久性会不同。若不是自己最爱的事情，我们很难全身心地投入进去。

因此想要做好一件事，我们需要端正自己的态度，你要为自己的选择去负责到底，为自己的人生负责到底，既然去做了，那么就要全心全意去做好，要无怨无悔地去付出，这是支撑你能够继续走下去的动力。因为投入自己的热情，就是收获成功的前提。

天才，就是强烈的兴趣和疯狂的投入

所谓的天才并不存在，只不过是他们的信念比你更加狂热罢了。

——哈佛法则

哈佛大学的心理学教授罗伊曾经给学生提出了一个问题："你能像爱因斯坦那样吗？"这个问题实际上是让学生去思考一下，看看自己可否成为爱因斯坦那样的人物，可不可以做到他所能做到的一切。但是结果出来之后，两个班级的78位学生中，只有两个人填写了"能"，而其他人的答案要么是不确定，要么就是否定。

罗伊于是问那些学生：为什么会认为自己成不了爱因斯坦那样的人物呢？学生的回答多数都集中在一个关键词上：天才。因为多数人都认为自己不算是天才，所以成就不了天才的梦想和事业，"不，我做不到，因为那是天才才能去做的"，"你大概是在开玩笑，爱因斯坦可要比我们高级多了"，"他是个天才，做到这一切都是理所当然的，而我显然还不是"。在诸多答案中，罗伊发现学生们始终纠结在"天才"这一点上，认为那些伟大的工作天生就是为天才们而准备的，似乎一个人的天赋足以掌控一切。

面对各种答案，罗伊教授连连摇头，他告诫学生们说："并不是因为天才，才成就了那些伟大的事业，而恰恰是那些伟大的事业成就了天才的名声。只要能做到这一切，那么你也可以成为天才，所有的人都可以是天才。"

在面对那些被别人称为天才的人时，我们会产生一个误解，认为天才是那些用不着付出多少努力就可以获得成功的人，认为天才拥有一种异乎寻常的能力。但事实上天才付出的努力很可能会更多，而且天才总离不开狂热的心态，他们之所以另类，是因为他们比谁都更加专注，比谁都要疯狂和执着，他们的热情是最高涨的。真正的天才并不依靠自己的天赋去赢得成功，而是靠专注和热情。

我们常常认为自己做不好某一件事，认为自己既然不是天才，就没有必要去做那些让自己感到为难的事情，但事实上这个世界并没有真正意义上的大天才。哈佛大学的莱恩教授通过近 30 年的观察和研究，发现个体之间的智商差异其实并不大，尽管这个世界存在那种智商特别高的人，看上去似乎比其他人要高出几个等级，但是这种高智商实际上并没有带来什么特别大的优势，这些高智商人才所做的事并没有显得特别突出和另类，没有将他们自己和整个社会隔离得太开。

无独有偶，在 20 世纪六七十年代，美国和另一个超级大国苏联都曾经进行过绝密的天才培训计划，两个国家都希望寻找那些最出类拔萃的人才，以此来提高自己的科技实力，在寻找了各种各样“非人类”的高智商人才后，大家发现其实那些高精尖的天才与常人相比，并没有实质上的差异。比如很多人记忆力出众，几乎能够过目不忘，但是这只能证明这部分人的记忆力比较强，平时喜欢强记，喜欢背诵，加上注重一些特殊的记忆技巧，这才使得他们看上去与众不同。换句话说，这些超级记忆人实际上只是比其他人更关注自己原本就擅长的事情罢了，这并没有什么特别的研究价值。

实际上，这些绝密的天才计划到最后都不了了之，而且随着科学技术的发展，人们对大脑的研究越来越丰富，渐渐掌握了大脑的某些运作规律。比如科学家发现人们对于自己喜欢或者有兴趣的事情，大脑所能激发的潜能会增多，很显然兴趣使得你愿意为之进行更深入的思考。

为了进一步验证这一点，哈佛大学曾经对学校里 50 多位擅长物理的精英进行调查，发现其中有 30 多位学生的数学成绩很普通，其余的人则表现出了物理和数学并进的势头。实际上科学家研究过数学和物理，发现两者有很多共通之处，一般物理好的人，数学成绩也不会太差，可现实的情况是有 30 多位“物理天才”的数学成绩马马虎虎。

哈佛大学经过深入调查和研究，最终发现其实这 30 多位数学不好的人有个共同点，那就是对数学不怎么感兴趣，而另外20位学生则非常喜欢数学。学校由此得出一个结论：数学成绩的好坏并不和他们的智商有关，而和个人的兴趣和投入有关。

由此可以断言，所谓的天才实际上并不存在，至少那应该很罕见。多数人都是同一类人，有着同样高的水准，而少数被称为天才的成功人士，实际上只是比别人更为投入和专注一些，他们付出的努力更多一些罢了。就像莫扎特一样，当人们惊讶于他是音乐神童的时候，很少有人去想这个聪明的孩子曾经每天都待在房间里练习，加上他对音乐的痴迷和投入，这才使他显得出类拔萃。

当你发现这一点的时候，你或许会幡然醒悟：其实常规意义中的天才，自己也完全可以做到。是的，只要你的兴趣足够强烈，只要你足够投入，只要你的心能够保持燃烧的状态，那么你就可以成为天才。所以我们与其妄想着成为天才，倒不如全身心地投入到自己的本职工作当中去，这样我们反而可以做到更好。都说笨鸟先飞，因为笨鸟更懂得努力，更具有飞翔的热情，所以笨鸟最后反而能够成为“天才”。 对于年轻人来说，如果你现在还在执着于自己是不是天才这个问题，那就大可不必了，因为你完全可以把自己打造成天才。

一个人缺乏热情就像汽车没有汽油

没有了热情，我们的人生将很快萎靡不振。

——哈佛法则

我们常常听到各种抱怨，“我受够了这份工作，受够了我的老板”，“我再也不想干这份工作了，我要跳槽”，“我很累，我很烦”，“为什么我还会在这儿忍受这种折磨”……几乎在每一次聚会上，总有人要向你大吐苦水，和那些唠唠叨叨、喋喋不休的家庭主妇一样，他们对自己所做之事并没有什么好感，总是满怀怨愤。

对于这些人，你可以仔细观察他们的工作，多数时候他们都无精打采，要么就表现得冷冰冰的，对待同事、上司、客户都很冷漠，他们觉得有人总是和自己作对，觉得这是上帝套在自己脖子上的石磨，因此常常活在纠结、愤怒、不安、紧张之中。他们还可能是严重的“星期一恐惧症”患者，是“加班恐惧症”的受害者，张口闭口就是“我很累”。他们唯一的兴趣就是看看月底到底能领到多少工资，看看什么时候才能下班，看看最近的假期是哪一天，看看什么时候可以减少工作量。

你当然会觉得他们真的受到了很大的委屈，觉得他们真的遭受了生活的磨难，因为你很可能也在感同身受，你在背地里甚至不止一次地骂自己的老板，而且敌视一切和工作相关的东西。你试图通过换工作来缓解自己的压力，来增加自己的动力，但这些和钱、和地位的关联并不像想象中的那么紧密，哪怕是看在工资的分儿上，你也不会继续停止抱怨的，因为当你得到了工资和地位之后，你会换一种角度去发泄内心的不满。

我们已经习惯了去抱怨和指责，可是当自己轻易就厌倦和抱怨的时候，是否想过当初到底是为了什么而工作的。你为什么会选择这份工作呢？现在像个小孩子一样愤愤不平又是为了什么？你似乎从来不知道问题出在哪里，所以常常会选择一些无关紧要的小事来作为发泄的缺口。

当然，你应当明白生活总是带着不可预知的因素，即便以最浪漫的思维来考虑生活，你也会感到疲倦和无奈。生活是艰辛的、复杂的，谦卑地承认这一点对我们至关重要，我们应该尽可能地减少生活中负面因素的影响，减少无聊生活带来的巨大冲击和伤害，尽可能保持热情，保持对生活、对工作的热忱，它有助于你克服各种压力。

我们通常都有一个共性，那就是缺乏热忱，我们习惯了把工作当成一种挣钱的手段，所有的人都在想："如果我不做这件事，如果我不从事这项工作，也许我无法谋生。"我们受制于社会上最肤浅的生活需求，却从来不曾想过工作其实也是生活的一部分。我们不懂得享受生活，可以说无论换成什么样的工作，到最后我们仍然会厌烦的，因为我们讨厌的不是哪一类的工作，而是缺乏一颗热忱的心。

事实上，如果为了生存、为了挣钱而从事某项工作，那么你只会感到压抑、疲倦，只会应付了事，这样的状态不足以支撑你走得更远，一旦你的耐心耗尽了，就会产生厌恶情绪。即便你平平淡淡地坚持了一辈子，也难以做出什么成就。另外，很多时候也许我们只是一时冲动决定做一件事，可是我们越到最后，越是会发现事情的真相和自己的期望完全不同，我们发现自己正在被生活欺骗，或者说是自己误入了歧途。很显然，因为你缺乏热情，你没有办法更深层次地去想、去规划，去改进自己的认知。

谈论起成功，我们可能拥有能力、智慧、背景，但是仍旧缺少一种关键的品质，那就是热情，因为我们总是感觉到心力交瘁，感觉到乏味和单调。这个时候你需要给自己充电，需要加入更多的汽油，你需要燃烧自己，需要激发自己内在的兴趣、动力以及希望。试想一下，如果你能将这份工作当成一种挑战，当成一种使命，当成一个个人的目标来奋斗，而不是一个冷冰冰的任务，那么至少会有更多的动力，而且你的兴趣和动力也会更加持久一些。可以说热忱是工作的核心和灵魂，它使你在工作中寻找到快乐，使你拥有源源不断的动力去奋斗，使你产生一种荣耀感和归属感。

正因为如此，哈佛大学希望所有的学员都可以对生活或者工作保持热情，希望学员可以热忱地对待自己专注的东西，他们鼓励学生选择那些最有兴趣的东西，鼓励学生做那些最想要做的事情，而不要把工作当成一种负担。哈佛大学的教授威廉·詹姆斯说："热忱可以改变一个人对他人、对工作、对社会及对全世界的态度。热忱使一个人更加热爱生活。当你学会热忱，学会对自己的学习充满热情，这样在构建成功大厦的时候，你才会打牢自己的地基。"

石油大亨洛克菲勒说："如果你视工作为一种乐趣，人生就是天堂；如果视工作为一种义务，人生就是地狱。"对于那些热忱的人来说，不再是为了完成工作而工作，他们多半是为了一份爱、一份热情，是自我价值得以实现的需要。很多时候他们只是在享受这样的过程，而只有这样，才能够把工作做好。

对于年轻人来说，如果你不能发现什么是爱、什么是热情，那确实是一个悲剧。如果你没有在年轻的时候了解生活，没有为之付出你的爱和热情，你会成为一个令人厌恶的人，你也会厌恶身边的一切，成为一个内心空虚、个性乏味的机器人，你每一天所做的就是为了按部就班地将时间耗完，然后开始第二天、第三天，这并不是真正的生活。一旦油箱里的燃料燃烧殆尽，你就彻底失去动力，你的生活将会走向毁灭。所以从现在开始，要对生活付出你的热情，然后去寻找你所爱的东西。

做一项工作就爱一项工作

无论你选择了什么，你要做的就是全身心地投入进去。

——哈佛法则

随着社会的进步以及人力资源需求量的增加，我们知道在工作中最重要的要素往往并不仅仅是能力，还包括态度。事实上大家都可以学到技艺，可以提高能力，但是态度却难以培养出来，而且态度可以弥补工作能力的不足，而能力却难以消除不良态度产生的恶劣影响，从这一点来说，工作态度甚至要比能力更加重要，尤其是对于普通人来说。

选择自己所爱的工作，还是爱上自己所选择的工作，这永远是一个非常矛盾的话题。我们中的多数人还停留在“爱一项二作，就做一项工作”的层面上，很显然，我们对于工作的这份“爱”很可能会发生改变。今天你对会计感兴趣，明天你渴望成为华尔街的大股东，后天则开始专注于足彩，你可能还有好几个类似的兴趣爱好，你总想着一一尝试，结果到最后什么事也做不好。我们的“爱”很多，往往也很分散，以此来引导工作的话，很可能会出现重大的失误，看上去我们总是热情高昂，但我们实际上会因为过于活络而丧失对每份工作的热情。

好吧，对于多数年轻人来说，生活的压力以及环境的逼迫，使得他们并没有多少选择的余地，常常只能被工作所选择，面对一份这样的工作，你所能做的就是忍受下去，当然这种忍受很可能是消极的。你可能会抱怨自己找了一份烂工作，抱怨自己的老板是个吸血鬼，抱怨社会的不公，当你将这份工作当成一种生活的累赘时，你可能永远只能活在痛苦和不顺之中。那你为什么不试着去喜欢它呢？如果说有什么理由，那么唯一的理由就是：这是你的本职工作，你需要它，你需要做好它。

很少有人那么幸运，可以做自己最初就很喜欢做的事情，然后获得成功。多数人并没有这种运气，你的父母、你所接受的教育观念、你接触到的社会现实、你所遭遇到的各种因素，这些都可能会影响你对于“心中所爱”的忠诚度，你没有办法让这个社会来迎合你的价值观和想法。想当厨子的最后成了裁缝，想当裁缝的偏偏成为了司机，想做司机的很可能成为了屠夫，想成为屠夫的反而成了律师和医生，这些事是再正常不过的了。但是你不能否认想当厨子的人最后可能成为了著名的裁缝，而想当裁缝的人最后成了技术娴熟的司机，想当司机的人做了神乎其技的屠夫，想当屠夫的人最后反而救人于危难。原因就在于他们在改变之中，尝试着重新付出自己新的热情去做好自己新的工作。

哈佛大学的第一任校长伊顿原先是个著名的牧师，他受到附近居民的爱戴和欢迎，但是哈佛大学成立之后，他被任命为校长。很显然，我们大概可以想到这位牧师当时的慌乱和紧张，至少他那一整套的宗教思维和哲学体系就不适合学校。但事实上伊顿对于新工作非常投入，每天都花大量时间来管理学校，所以最后他将学校管理得非常好，一个优秀的大学由此开始诞生。

那么如果你是伊顿，你会怎么去想？你也许会认为这很荒唐，一个牧师竟然要当学校的校长，宗教或者神学都带有超自然色彩，而学校则注重科学，你会觉得很矛盾，会从内心进行抗拒。好吧，社会现实又逼迫着你必须接受这份工作，这时你可能会敷衍了事，可能会消极地应对，姑且把它当成一份苦差事。由此我们可以知道，用不了多久，这个学校就会乱掉。

我们总是对自己不喜欢或者不感兴趣的东西表示抗拒，尤其是刚接触的时候，常常会表现出反感和厌恶的情绪，要么就故意不理不睬，但是我们或许不知道当命运安排我们承受一份痛苦和不愉快的经历时，我们要做的不是去抗拒它，而是要懂得接纳，懂得去改变。当你尝试着用自己的热情去改变它时，你会发现各种乐趣，你会领悟其中的价值。

所以，无论什么情况下，对于自己所做的，你应当给予热爱，这是一种职业素养，是一种必不可少的积极态度，这既是对他人负责，更是对自己负责。如果你总是抱着抵触情绪或者无所谓的态度，那么实际上你在这份“不受欢迎”的工作中还要忍受更多的苦楚，你的消极情绪会让你的压力和痛苦体验慢慢积累，直到某一天你彻底不能忍受。但是如果你愿意放弃成见，愿意像对待自己所喜爱的工作一样去对待每一份新工作，那么你会将工作做得越来越好，你的能力会得到提升，你对事情的看法会得到改变。

第十章

法则 10：

勤奋——哈佛不是神话，是勤奋

提起哈佛大学，很多人的第一印象就是天才的学校，大家都认为但凡进入哈佛大学深造的人都是出类拔萃的角色，都是各个地方的天才，事实上哈佛大学从来都不认为自己的学员是天才。与此相反的是，它一再鼓励和欢迎那些勤奋好学的人进入哈佛大学学习。很显然，哈佛认为没有一个人可以仅仅依靠天才就能获得成功，成功是需要付出不懈努力的，哈佛不需要天才的神话，只需要勤奋者来创造奇迹。

成功只属于刻苦勤奋的人

你比谁都更加努力，你才有机会获得比别人更大的成功。

——哈佛法则

在哈佛最近一份研究资料中，调研小组发现那些社会精英人士和成功人士实际上在工作中花费的时间比一般的工作者要高出 40% ～ 70%，而且他们显然要更加专注一些。仅仅在美国本土，成功人士们的每天平均工作时间就达到了 14.7 个小时，这是一个惊人的数字，而一般人每天的工作时间为 7 ～ 9 个小时，这样的差距非常明显，而在那些生活节奏更快的国家，精英们的工作时间也许还要更长一些。

调研小组成员沃克从事多年的社会人力资源研究，他将工作者分成三种。第一种是 8 小时工作制，这种工作者一般是按标准时间工作，基本上都是在应付工作；第二种是懒散型，这类工作者一般处于濒临倒闭、业务不佳的企业或者单位，要么就是一些没有重大压力的政府部门，他们的工作时间通常可以随意支配，真正用于工作的时间往往很少；第三种则是加班一族，加班通常是一个社会性的问题，而且多数人都在排斥这个问题，但事实上这样的情况总是不可避免地发生，尤其是在一些东方国家，加班是一个非常常见的社会现象，当然一些主动加班的情况也存在，无论是为了金钱还是为了成功，许多人愿意付出更大的努力。

沃克经过研究发现，标准工作制下的工作者和懒散型的工作人员当中，成长为精英的概率仅有 0.2%，这是一个非常低的比率，而在加班族当中，成功者的概率达到了 2.1%，两者相差 10 倍。这样的差距显然不是机遇、运气、智慧、工作岗位、工作环境等因素所能左右的，真正的原因就在于努力。你也许更加勤奋，比别人更加懂得付出，而且付出得更多，那么你获得成功的机会就会高出很多。

实际上，我们对于社会精英们的生活和工作模式容易产生误解，从影视剧、小说以及人云亦云的传言当中，我们很容易就断定精英们一定是天天放纵自己，但事实上他们是否有那么多的时间去逍遥人生，这还是一个未知数。据我们所知，巴菲特或者比尔·盖茨、扎克伯格之类的大亨们似乎并没有几次像样的旅行，他们并非总是在享受夏威夷的阳光沙滩，不是享受欧洲之旅，不是享受美妙的食物，更多时候，他们都在自己的办公桌上忙碌。

威尔斯从哈佛大学毕业之后，在美国某知名杂志担任责任编辑，谁都不能想象，这位天之骄子一开始的薪资标准只有可怜的每周 6 美元，要知道当时一个普通超市售货员的工资也有周薪 20 美元，可以说威尔斯是一个典型的底层劳务工。但是这种糟糕的状况并没有吓坏威尔斯，他反而加倍努力，每天都坚持工作 14 个小时以上。在这种超高强度的工作环境下，威尔斯的业绩越来越出色，他也渐渐获得重视，最终成为了杂志社的主编。

他在回忆自己的成功时说道："为了收获成功的机会，我必须比其他人更努力地工作。当我的伙伴们在剧院时，我必须在房间里；当他们在熟睡时，我必须要学习。"正是凭借着超出常人的勤奋，威尔斯赢得了更多的机会，也成功翻身，成为了最优秀的人才之一。

关于谁才是最成功的人，各个领域中有不同的参照标准，但是无论是哪一个行业之中，那些成功人士都有一个共同点，那就是勤奋。一个懒人是否能够获得成功，这是一个用不着做太多讨论的话题，除了运气，我们实在想不出任何一个值得推敲的理由。好吧，也许有个别懒人可以走上一回狗屎运，但是没有任何一个懒人可以永远靠着狗屎运来成就自己的人生奇迹。

勤奋是每一个成功人士必备的标签，这一点毋庸置疑，连那些最最天才的人物，他们也不得不承认自己的成功受惠于所付出的努力，没有足够的勤奋，他们是无论如何也不会获得巨大成就的。当然，很明显，我们常常只能看到成功者光鲜亮丽的外在，却没有想过他们在背后所付出的努力，这的确很令人吃惊，但却是事实。就像那些崇拜好莱坞巨星的追梦人一样，他们也许也有一个好莱坞梦，但是在很多人看来，那些明星的成功似乎是与生俱来的，他们的成功似乎来得很简单，多数人都沉醉于理所当然之中，但只有当他们亲身经历过之后才会明白成功背后的残酷性。你所要付出的代价其实也是很大的，你要付出的努力要比其他人多出好几倍。

在今天，我们有权利去做各种各样的梦，有权利去实践各种各样的理想，这些理想同过往 30 年甚至是 300 年间的各种期盼并没有什么本质上的区别，我们都只是希望成为大众中少有的成功人士，我们渴望与众不同。不过，我们都不应该忘记一个追求梦想的人所要承担的使命：为自己所热爱的东西付出更多的努力。这一点对于任何人都不例外，这一点在任何时候都不会发生一丁点儿的改变，因为你要做的和你所想要得到的基本上处于正比例状态。

在今天，我们仍然需要去面对一个最现实的社会问题，那就是谁才能成为这个时代的引领者，谁才能更好地生存下去。答案依然很明确，那一定是那些最勤奋的人。一个勤奋的人可以抹掉很多差距，这就是最好的生存手段。依靠勤奋，我们能够做到那些成功者所能做到的一切，只要你想去做。

著名的生物学家达尔文说："如果说我有什么功绩的话，那不是我有才能的结果，而是勤奋有毅力的结果。"在今天，这句话适用于所有的人，适用于所有预备大干一番事业的年轻人。如果你有过人的能力、智慧、勇气和热血，那很好，但是还不够，你想要成为顶级的社会型人才，最重要的一点就是不要忘记继续努力奋斗，不要忘记生活对你的要求也许仅仅只有一点：继续努力，坚持到底。

播下勤奋的种子，才能收获梦想的果实

伟大的梦想，必须有足够的勤奋来做保证，否则伟大就只能成为空谈。

——哈佛法则

从马丁·路德·金开始，"我有一个梦想"已经成为了美国人的口号，而且这样的口号也影响了全世界的人，可以说在追求理想的道路上，没有人愿意放弃这样的权利，没有人愿意庸庸碌碌、浑浑噩噩地过一生。当

然，梦想并不等同于现实，梦想要转化成为现实，还必须经受住现实的考验，还需要付出足够的努力。

哈佛大学著名的心理学家肯特曾经说过，一个人在一生中可能会产生一千多个奇思妙想，但是最后得以实现的却寥寥无几，很大一部分原因并不在于这些梦想荒诞和天马行空，而在于我们自己没有去努力实践。简单来说，多数时候我们只是一个光想不做的人，或者说想得多而做得少，我们并没有意识到梦想的伟大和珍贵，没有想到一个追梦人对梦想应有的尊重，更没有想过勤奋的力量。实际上多数梦想在诞生的时候就已经被我们以近乎玩笑的方式给遗忘了，这的确很残忍，因为我们原本可以活得更好。

好莱坞每年都在上演成功人士的好戏，故事很老套，是坚持梦想并为之努力的人获得了最后的成功，看戏的人在主人公登场的第一秒钟就预感到了他最终将获得成功，可以说这类故事基本上都毫无新意，但是却依然能够引起巨大的反响，原因就在于我们太缺少这种坚持到底、勤奋努力的劲头了。我们很难对自己的梦想进行精细的维护，很难为之努力奋斗。

很显然，每个人都有类似这样或者那样的信仰，我们的理想都大同小异，但是任何一个理想都需要进行实践，而这个实践活动需要我们付出更多的努力，这些努力才是真正能够开花结果的种子，只不过很多时候我们忽略了这一点。

汤姆是布鲁克林黑人社区的一个小伙子，在他 16 岁的时候，他还生活在社区帮派斗争之中，还在为十几美元的报酬而冒险贩卖毒品。可是某一天他突然想到自己应该去上学，应该过一过正常孩子应该过的日子，这时候他开始为自己制订了一个计划，那就是走进哈佛大学。从那个时候开始，他每天都躲在家里翻阅书籍，为了让自己更加充实一些，他还偷偷跑到教室外面去偷听，有好几次他都被人从学校里赶了出来，但是这丝毫不能阻挡汤姆的决心。

对于一个只读了几年书的人来说，想要考上哈佛这样的名校，无异于痴人说梦，但是汤姆却觉得只要自己努力勤奋，那么只要花上20年的时间，自己就一定可以进入哈佛去深造。正因为这样，汤姆每天都花费17个小时来学习。7年之后，23岁的汤姆竟然真的奇迹般地考入哈佛，当时的校长劳伦斯·萨默斯称赞汤姆是“哈佛梦”的最佳代言人，他号召所有的学员都向汤姆学习。

如果你有梦，那就去实践它；如果你有梦，那就努力去实践它。真正的哈佛人是不会轻易浪费每一个梦想的，是不会轻易让梦想失去价值的，当然任何一个梦想需要根植于现实，更需要根植于勤奋者的心中。同其他所有美好的东西一样，梦想从来就不会随随便便成真，你想要做的，你想要实现的，必须要付出足够的努力，如果没有付出那样的努力，那么最好就不要去动手，不要去妄想。

我们从来都不曾否认一个事实，也不应该去否认这样一个事实：成功只属于那些最勤奋的人，梦想也属于那些最勤奋的人。在勤奋的人手中，梦想才能壮大，才有机会变成现实，而在那些成天做白日梦而没有动手能力的人那里，梦想只是一个傀儡，根本没有办法变成现实。这一点是无可辩驳的，从最最高贵的总统，到最最普通的市民，每一个人的梦想都建立在勤奋的基础之上，每一个行业中的目标都需要靠双手去奋斗、去争取。

我们要做的不仅仅是成为一个伟大的梦想家，不仅仅是希望背负着梦想去生活，而应该主动去承受梦想所带来的义务，以更加负责任的态度来认真对待梦想，付出更多的努力。梦想不仅仅是一个符号，更应该是一种指引，指引我们去奋斗。当然，这种指引并不专注于那些有才能的人，像类似于“弱者是不配拥有梦想的”这种传言，我们完全没有必要去理会。我们既然拥有做梦的权利，那么也就有实践它的权利，当然拥有这个权利的前提是你要懂得去尊重和爱护自己的梦想，要懂得为之付出足够多的努力。

年轻人最常遇到的问题就是梦想的泛滥和害怕做梦，梦想的泛滥导致我们忽视或者轻视自己的理想，我们只愿意去想，而不愿意去做，或者做得不够认真彻底，所以我们往往很难获得成功。因为年轻人似乎只专注于和别人比梦想，却没有想过真正能够决定高度和差距的并不是梦想有多么远大，而是要看谁付出的努力更多。害怕做梦则会使更多的年轻人陷入自卑情结当中，他们会认为自己不够出色，所以也不敢去制造什么梦想，即便有了梦想，也常常不自觉地感到无能为力。

年轻人更应该敢想敢做，而且要做得更有魄力，你要告诉所有人：自己就是为梦想而生的，自己所做的一切都在围绕这个梦想而努力，当你意识到这一点的时候，你所有的精力和情绪都会转化为奋斗的动力。

凡事都多做一点，这一点或许能成就你

多做一点儿事情，你的机会就会比别人更多一些。

——哈佛法则

现如今我们越来越草率地面对自己的理想，我们越来越觉得自己可以通过某种捷径达到自己的目的，我们总是被告知："听着，不要再像个傻瓜一样把眼睛盯在那个上面，你需要动一动脑子，那样不是更轻松一些吗？"我们所接触到的人都喜欢投机取巧，都喜欢想办法进行跳跃式的发展，都觉得自己可以不劳而获，可以用最微小的代价来赢得最大的报酬。这是一个时代的特征和症结，因为我们总是误以为一切都可以更加顺利，都可以来得更加轻松惬意。

但是有一句老话永远不会过时："想要得到，就要比别人付出更多。"所以对于任何一个想要收获成功的人而言，你要做的就是多做一些，多付出一些，多为自己创造一些机会。无论在什么时候，多做一些都不会吃亏，做得多不一定就能够成功，但是至少有更多成功的机会。洛克菲勒当年到处跑业务，很多人认为他没有必要那么拼命，少跑一趟也没有什么，但是洛克菲勒却说："我不知道少跑一趟是否会有什么影响，但那时多跑一趟，我的机会不是更多一些吗？"

那些勤于动手、喜欢埋头苦干的人，或许私底下都被别人称为"笨蛋汤姆"或者"傻瓜麦克"，我们常常会觉得他们没有足够的脑子来想一想如何更快捷地获得成功，觉得这类人都是傻乎乎的执行者，觉得这一类人最好骗，但事实上呢，恰恰是笨鸟飞得更远一些，因为他们付出的努力更多。

当你想办法偷工减料，当你想办法逃避义务，当你想办法让别人多做一些的时候，你已经失去了更多的机会。当你觉得那些多做的人很傻的时候，当你觉得美国人只需要靠脑子吃饭就可以赢得一切时，当你觉得华尔街的大亨们都是空手套白狼的高手时，你恰恰忽略了一个最大的真相，那就是那些成功者并没有比你做得更少，而是比你做得更多。

哈佛大学的欧文是一个坚定的反对完全机械化和自动化的科学家，他认为随着人类科技的不断提高，人类直接参与的社会生产活动已经越来越少，很多人都想着如何少做一些，但是却忽略了一个问题，那就是我们已经变得越来越懒散，越来越不负责任，因为我们都寄希望于机器和那些高科技的人才，却没有想过自己其实也可以依靠双手来做得更好。欧文经过13年的研究，发现同前几次的工业革命相比较，最近20年，人们的创新能力一直在下降，那些能够获得成功的人也越来越少，原因就在于我们的动手能力正在减弱，我们越来越不够勤奋。欧文提醒大家说，人类的进化实际上正是从双手的解放开始的，人类智力的进化也是因为劳动的缘故，如今人们都想着少做一些，这也许会对社会发展造成一些影响。

欧文是从整个社会发展的角度来阐述这个观点的，而他的同学兼同事安格利教授则认为越来越多的人想要“偷懒”，实际上正中成功者的下怀，因为当渴望成功的人傻乎乎地在那儿上班时，他们能够获得更多的机会，他们对于工作的熟练程度也会更高，基础也会更好。正因为这样，“多做一点点”几乎成为了哈佛大学的传统，伊顿校长当初在就职的时候就开玩笑地对妻子说：“让我当一个大学的校长，这听起来有些不可思议，我或许应该感谢上苍让我多当了几年牧师。”而到了第一位女校长福斯特上台的时候，她又说：“我们每个人都需要多做一些功课，我们不仅需要对学校负责，更需要对永恒负责。”

任何时候你都需要比别人做得更多一些，哪怕这些多余的劳动并不会产生什么实质性的影响，因为多做实际上可以让你得到更多锻炼的机会。

尤其是当我们不具备太多的竞争优势时，我们唯一能做的就是比别人更加勤奋一些，这是我们每个人赖以生存的重要筹码。

大部分人都被生活所迷惑，因为他们坚信成功是聪明人的专利，一个有脑子的科学家，一个精明的商人，一个不愿意埋头苦干的自由主义者，他们对于成功似乎更为敏锐。但从现有的资料来看，那些所谓的成功人士并没有像人们想象中的那样出类拔萃，他们所秉持的原则就是：当你休息的时候，我多做一些。我们习惯了用高智商来衡量成功者，不过这并非是真相，没有更多的努力和付出，这些人最后所能取得的成就也可能是极其微小的。

我们今天所面对的困境就是一个懒惰者的困境，我们担心自己成为他人口中的傻瓜，担心自己成为“为他人做衣裳”的那一类人，我们是如此不了解生活、了解成功，我们甚至觉得像牛一样勤勤恳恳地工作是对自身的一种侮辱。很显然，这种观念已经根深蒂固，如果有机会运用非凡的手段来缩减成功的行程，我们会乐于去尝试的，但是很可惜的是这样的道路和方法并不多，而且也不靠谱。

今天，我们需要改变和破除长久以来在资本主义社会熏陶下的那些被奉若神明的社会准则，我们需要认识到工作和生活的本质——多劳多得，这是一种自然法则，它未必会一时生效，但是从长远来看，你付出的努力越多，你获得的机会肯定越多。这对年轻人来说尤为重要，年轻人在社会竞争当中常常不具备什么优势，因此需要做更多的事情来证明自己，来锻炼自己的能力，通过更多的付出来填补生活未知领域的空白。事实上，我们的工作千差万别，我们对于生活的领悟也各有不同，但是我们可以多做一些事情，而生活必然不会对我们额外的付出视若无睹。

你停步不前，有人却在拼命奔跑

我荒废的今日，正是昨日殒身之人祈求的明日。

——哈佛法则

一个人最担心的不是自己处于落后状态，而是担心自己止步不前。一个没有前进动力、缺乏前进欲望的人是难以长久地走下去的。很多时候，我们都会给自己发一个信号：我很累了，我很成功，我有足够的优势，我不想再去奋斗了，我没有了奋斗的必要。之所以出现这样的情绪，就在于我们总是有意无意地参考别人，我们依据他人与自身的差距来行事。很不幸的是，当你躺在那里做梦的时候，很多人却在拼命奔跑，他们千方百计想要超过你，而且很多人已经超过了你。

这并非是危言耸听，而是实实在在正在发生的事情。实际上，社会更新以及淘汰的速度要远远超过我们的想象，当你觉得自己还处于一个不错的位置的时候，也许用不了多久就会成为别人成功路上的垫脚石。哈佛大学的学员埃蒙斯来自加州的某个小镇，在此之前，他一直都是镇里面最出类拔萃的学生，也是所有人的骄傲，他甚至不用怎么看书，也能在考场上击败任何一个对手，可是到了哈佛，他才意识到自己什么也不是，他的傲慢心态有了收敛，而且他也意识到自己需要勤奋读书，不能在学校里静止不前。埃蒙斯觉得，如果一直将自己当成考入哈佛的小镇天才，那么几年之后，他就会成为被学校淘汰的差学生。

实际上，我们对于社会的体验、对于人生的各种把握源于一种非常肤浅的参照，在大自然以及社会中，能力是一种最基本的标准，但不是唯一的，而且能力具有很大的欺骗性，它使得部分人过分自信，又使得部分人过度自卑，它很容易麻痹我们的警觉性，使我们有意无意地处于泰然自若或者漠不关心的状态。事实上，我们需要更加自觉一些，需要加紧自己的脚步。在任何一个竞争环境中，你处于哪个位置并不重要，真正重要的是你是否一直在努力，因为努力才能前进，你才能获得更多更好的机会，才能保持自己的优势。

哈佛大学的社会学家贾尼·帕克做了一份社会调查，他发现现如今人与人之间的差距正在日益缩小，脑力、能力、技术、身份、地位等方面的差异化越来越不明显，即便是备受争议的财富，实际上也正在缩小（其实所谓的财富差距越来越大实际上指的是金钱数量上的落差，而不是比率）。而导致人与人之间差异化弱化的根本原因是全球化的影响以及个人全方位的提高，也就是说整个社会的进步会协调好强弱、贫富之间的落差。

而这种落差的日益增加也加快了社会化的进程和生活节奏，以至于淘汰的速率加快，几乎稍不留神，你就会成为竞争体制下的牺牲品。面对这样的情况，帕克提醒大家尤其是那些具有优势的人，应该具有忧患意识，不要总是觉得自己的地位很稳固，因为一旦掉以轻心或者止步不前，很快就会被其他对手超越。

哈佛大学的爱默生说："大自然淘汰一切无自助能力的孩子，不允许任何无自助能力的东西停留在它的世界之中。一颗行星的起源和成熟，它的平衡和轨道；狂风过后，弯倒的树木又挺身直立；每一个动植物的生命力……这一切的一切，都是自给自足的，因而也是自助的灵魂的表现。"在爱默生看来，每个人都需要自助，而自助的方法就是勤奋一些，要有自给自足的动力，防止自己被生活捆绑，防止自己停滞不前而惨遭淘汰。

至少你应该明白，你的对手从来不会和你一样在原地等待。大自然遵循的始终是优胜劣汰的法则，没有人会停下来等你，因为一旦静止下来，你自身所具备的力量也就消失了。就像鲨鱼一样，它必须时刻保持移动，必须努力去追逐目标，只要停止不动，它很快就会死去。我们应该从中获得一点儿警示，静止无异于一种自杀手法，当你决定止步不前的时候，生活赋予你的各种优势也将荡然无存，这不是一种剥夺，而是一种赤裸裸的遗失，而遗失它的人往往就是你自己。

无论如何，这都是一个令人感到厌恶的事实，但我们没有任何办法去拒绝和排斥这种真实而残酷的法则，因为没有人能够一直处于领先位置。正因为这样，我们在构建属于自己的生活基础时，要不断推翻和超越这个基础，因为一旦你满足于此，那么很可能会被其他人超越，那时候你也许将失去更多的东西。

很显然，你需要更加自觉和认真一些，这并非只是简单的追赶游戏，而是一种关乎生存的法则，你需要不断努力奔跑，需要加快自己的脚步，需要保持前进状态，甚至要比别人更加勤奋一些。我们要做的就是每天都保证能够有一些进步，今天比昨天进步一点儿，而明天又要比今天做得更好一些。严格说起来，这并不算很难，很多时候只是态度问题。

你是否还记得 1985 年的美职联总决赛，洛杉矶湖人队在形势一片大好的情况下失误连连，输给了凯尔特人，事后教练派特·雷利告诉队员们说："从今天开始，我们可不可以罚篮进步一点点，传球进步一点点，抢断进步一点点，篮板进步一点点，远投进步一点点，每个方面都进步一点点？"接着呢，洛杉矶人第二年就轻松夺回总冠军。这样的案例实际上对我们每一个人而言都具有很好的说教意义，因为从这些活生生的例子当中，我们能够意识到自己是多么卑微无力，哪怕你是一个强大的角色，在生活的滚滚洪流当中，在竞争时代的风云变幻之中，你的任何优势都不会是永恒的。

如果你还年轻，那么就要抓紧时间去奔跑去进步，因为你的停步不前只会让自己更加落后，你的静止不动只会让你失去更多的优势，这是不可避免的。如果你想要成为领先者，想要把握住更大的优势，想要超越生活对你的限制，那么就要拿出年轻人的拼劲，就要努力往前跑。正如哈佛中的名言所说的那样：即使现在，对手也在不停地翻动书页。

真正的精英并不是天才，而是付出更多努力的人

能够进入哈佛大学，并不代表你的智力更高，只不过是你付出的努力要比别人更多一些罢了。

——哈佛法则

在精英人士需求量日益增加的今天，我们似乎对天才特别青睐，在这个社会的积极造星运动中，我们更乐于将这些精英人士冠以天才之名。很显然我们会处于一种困惑和盲目的状态，这会让社会大众坚定地认为这个世界上有许多天赋异禀的人，他们有着高人一等的智慧和某种特殊的能力。但是实际情况可能并非如此，我们对于精英人士的崇拜和包装或许仅仅只是一种认知上的错误，我们需要正视一个问题，那就是那些精英实际上都很勤奋，而且是异于常人地勤奋，而这一点显然是不容忽视的，因为

它恰恰是区分庸人、常人与精英的一个重要因素。

我们对于天才的需求量是永远不会减少的，但是这并非是一个单纯地依靠智慧就可以生存的时代，而且事实上人与人之间的智慧差异简直可以忽略不计，如果你有幸成为少有的智商出众的人物，那么恭喜你了，但这并不足以使你迈入伟大人物或者精英人士的行列，因为那些伟大人物、那些最精英的人才，他们从来就不是什么天才，他们并不是披着天才的外衣来赢得所有的成就以及大众的认可的。

狂人埃里森向来口不择言，但是在对待成功这件事上，他更忠于自己的付出，他曾毫不客气地对大众媒体说："天才是对我所付出的努力的一种不尊重，而且我很担心自己明天就会找私人医生谈一谈智商的事，然后他会告诉我说从今以后我可以什么也不用做了，因为天才是用不着努力的。"这实际上是一种社会性的悖论，一方面我们急需更多的天才，因为这个社会需要包装他们，需要利用他们来树立更多的榜样，新闻媒体似乎不厌其烦地忙着打造一个个天才；但是从另一方面来说，天才都是努力造就的，那些被称为天才的人，实际上都付出了巨大的努力，他们比任何人都要勤奋。

近年来，哈佛大学中的低龄学生越来越多，有些 10 岁出头的孩子就进入哈佛深造，这显然极大地满足了大众的好奇心和口味。我们在惊讶于孩子们惊人天赋的同时，似乎忽略了一个重要的问题，那就是这些被称为天才的孩子，他们所尝受的艰辛往往不为人所知，你无法想象他们一天练习钢琴的时间超过了 15 个小时，你无法想象他们为了读书和学习，甚至不得不被迫牺牲掉应有的娱乐时间。哈佛大学的玛格丽教授曾经指出："哈佛大学随时欢迎那些能力出众的人来这里求学，但是哈佛更看重的是你的态度，而不是你的智商。”实际上在哈佛大学300周年的时候，有些哈佛学者就对以往的学员进行了调查研究，结果发现那些一直被看好而且智商更高一些的人，最后往往不那么出类拔萃，而那些表现一般却勤奋好学的学员反而获得了巨大的成功。

现在我们不得不认真审视爱迪生的那一句名言：“天才就是99%的汗水加1%的灵感。”这实际上对任何一个人都是一种积极的暗示，它使得最最不起眼的人物也有足够的机会去获得成功。勤奋恰恰是上帝赐予每个人最宝贵的礼物，只要善用这个礼物，你所得到的并不会比别人更少。社会学家弗格森说过：“勤奋是抹平等级差距的唯一手段，严格说起来，你对于社会的任何诉求都可以通过努力来获得。”

兰德尔是哈佛大学1989年的毕业生，实际上这个学员的表现一直不那么突出，在同级和同班的学员中，他的成绩和在校表现只能排在下游，以至于当初他的导师都担心他可能会因为成绩不合格而难以顺利毕业。但是在2007年的同学会大调查当中，很多学员都惊讶地发现自己当初那个资质平平的同学，如今已经成为两家跨国公司的董事会成员，而且还持有可口可乐公司大量的股票。

而当初那些非常优秀的人，那些被称为天才的学员，反倒显得平庸了许多，很多人甚至还在为自己的梦想而拼搏。一位好事的记者跟着学员们做采访，他找到了兰德尔，然后问兰德尔是如何获得成功的机会的，兰德尔有感而发，对着镜头自信地说道：“美国人是不需要什么天才的，美国人更需要我们这一代人的努力。”后来这句话引起了巨大的轰动，哈佛大学的一些教授甚至称之为“兰德尔效应”，希望借此来鼓励在校的学员继续努力奋斗。

实际上，在很早以前，就有一些心理学家意识到了一个奇怪的定律，那就是在一个班级之中，那些表现最突出的学生，在进入社会之后，通常都表现得不那么如意，而表现得最抢眼的当属排名第十位左右的学生，这些人少了一些聪慧，但是更多了一份努力和执着。因为处在第十位左右的学生通常位置很尴尬，一方面有更进一步的潜力，但是弄不好又会被人超越，所以不得已之下会加倍努力，争取混一个好名次，在这种动力之下，他们获得了更多的成功。

年轻人想要获得成功，就不要过度依赖于什么天赋和智商，你不要认为自己反应迟钝、智商低下，不要觉得自己资质平庸，事实上没有什么比勤奋努力更能让你变得出类拔萃。当你还在为如何提高天赋而动脑子时，你更应该记住古罗马皇帝死前遗留的那句话："勤奋是通往成功的必经之路！"

第十一章

法则 11：

批评——一事无成的无名小卒才能免于批评

批评是哈佛大学的一个传统，那些高高在上的天之骄子，原先可能受到各种各样的追捧，受到各种各样的褒扬，但是到了哈佛，几乎没有一个犯错的学生可以免除批评和责罚，因为哈佛人认为批评能够帮助学生更好地意识到自己所做的事情，可以帮助学生更好地约束和规范自己的行为。如果你拒绝批评，实际上就拒绝了进一步完善和提升自己的机会。

如果你一事无成，没有人乐于批评你

没有人批评的人通常也不值得去批评。

——哈佛法则

苹果公司的总裁乔布斯就是一个怪异而独裁的老头，他对于员工的严厉是出了名的，以至于很多人都不愿意和他同坐一个电梯。有个老员工曾经因为一个小错误而被乔布斯当众责骂，老员工还想要反驳，结果乔布斯毫不留情地指着他的鼻子说：“如果你觉得我对你的批评是没有任何必要的，那么就请你滚蛋。”这话听起来真是令人不安，但是我们没有办法忽略一个事实，在追求完美的乔布斯管理之下，没有多少员工被他辞退，而且那些员工最后的业绩都很出色。

毫不客气地说，乔布斯批评的人都是一些大牌，不是工程师，就是管理人员，很显然乔布斯希望他们能够做得更好，而且这些人有实力去做得更好。换句话说，你之所以遭受批评，很可能是因为你是一个重要的人物，你在生活中扮演着一个相对重要的角色，正因为你的言谈举止可能会对个人以及环境造成一定的影响，所以很容易引起他人的关注和批评。

为什么要害怕别人给予批评呢？为什么要拒绝和排斥别人的批评呢？卡耐基说过，接受批评似乎是大人物的专利，如果你只是一个无关紧要的小人物，那么没有人愿意站出来批评你，因为没有这样的必要。不妨想一下，如果有人当面告诉你说：像你这样的人是不值得批评的。那么情况肯定比预想中的还要糟糕很多，那意味着你一文不值，因为大家甚至都没有什么兴趣来关注你犯下的错误。当然如果你是一个有能力的人，你的行为可能会造成重大的影响，那么就很有可能引起别人的关注，这时候你的一举一动都会受到监督，大家愿意对你犯下的错误负一点儿责任，同时也要求你必须严格对自己的言行负责。

当其他人对爱因斯坦提出指责的时候，这位世界闻名的大科学家微微一笑，承认自己一生中90%的理论很可能都是错误的，他没有任何排斥的理由。卡耐基在谈到这件事的时候，非常敬佩爱因斯坦的为人，他指出一个人希望自己所做的事情有3/4的准确率，这简直是不可能的，而罗斯福总统希望自己可以挑战一下这个标准。毫无疑问，你所说的所做的并非总是十全十美的，你的人生也并非总是成功，因为谁都会犯错，这不可避免。

我们需要做的就是寻找一种改进自我的法则，这并非是个人的生活信仰，而是一种自我负责的态度，你要告诉所有人：我不可能事事完美，但可以有效控制失误。我们可以进行自我批评、自我反省，以此来减少个人的错误。当然，最大的迷惑通常来源于自己，我们容易被自己的耳目、心神、价值观所迷惑，从而丧失维持正确人生的标准。这个时候我们更需要参照他人的意见，需要依靠他人的监督来寻求一种新的改进方式，因此别人的批评显得尤为重要。

哈佛大学的心理学家认为，我们对自己进行评估的时候，由于正面的力量太过旺盛，这时过剩的强大的个人能力往往会封闭和堵塞我们对于自身错误的认知，这时候我们需要别人的帮忙，我们需要另一双敏锐的眼睛来指出并纠正我们的错误。换句话说，我们需要一个监督者来提出批评，这样才能想办法完善和提高自己。

在哈佛大学中，没有人可以免于批评，就连校长也不例外。在某一次学生毕业典礼上，校长因故缺席了演讲，这使得同学们很不满，于是学生会的主席联合众人对校长进行了点名批评，结果第二天校长亲自出来道歉，并且保证下次一定不会无故缺席。这种情况在其他学校似乎不可思议，但在哈佛，别人并不会因为你的权势和地位而纵容你。与此相反，你的权力地位应该成为对自身负责的一种高标准，一旦你做出了与身份不符的事情，批评声一定会毫不留情地涌过来。事实上，哈佛作为一个名校，它所承受的压力可想而知，但是这是它必须承担的社会责任，可以说它的地位和那些随之而来的批评声是相符的。

当然，谁都不喜欢听到批评声，人类与生俱来的“向善”性格，实际上已经迫不及待地暗示别人要尽量多给予一些赞美，我们渴望自己能够在他人心中留下一个相对完善的个人形象，希望他人能够发掘出自己的优点，但我们却自私地隐藏自己不完美的一面，隐藏自己“恶”的一面，害怕并且排斥他人对我们自身的缺陷指指点点。只能说你很脆弱，你很担心别人会否定自己，所以总是表现出抗拒的一面，而你强加于他人的那种意志实际上又会成为自我完善的障碍。任何人都会犯错，别人也会发现这些错误，我们要做的不是隐藏，不是堵住别人的嘴巴，而是要勇敢地承认错误，勇敢地接受别人的批评。

一个自觉的人应该懂得从自身来寻求完善的途径，有了这样一种领悟，我们就能够想办法依靠自己的想法和意志力，立即纠正自己的错误，同时也允许别人站出来纠正自己的错误。你越是害怕被人批评，就越是容易犯错，因为再明智的人，也没有办法完全意识到自己的缺陷，而且通常我们无法发现自己的缺陷和不足。一个人如果拒绝接受他人的批评，那么实际上就可能会陷入到自我认知的盲区，错误可能会慢慢放大。年轻人对于批评声的抗拒往往要更加强烈一些，但同时年轻人也更容易犯错，如果你想要做成大事，想要成为一个成功人士，那么就需要正确面对他人的批评，要虚心接受他人的指正。

不要怕不公正的批评，但要知道哪些是不公正的批评

客观的批评，你要懂得接受它；不公正的批评，你要忽视它。

——哈佛法则

我们总是抱怨别人在扭曲事实，别人在故意使自己难堪，故意让自己受到不公正的批评，我们的担心不无道理，毕竟你永远不能指望所有人都会真正客观地评价你，不能指望他们能够给予你公正的批评。当然，我们没有必要去害怕或者过度地抗拒，引起一些过激的反应，一方面，你不可能取悦所有人；另一方面，总是有人愿意夸大事实。

比尔·盖茨认为这个世界原本就是不公平的，所以你不要指望别人能够公正地评价你、对待你。事实上，由于利益的存在，人与人之间的关系

并非总是那么单纯，当他人有求于你时，你的优点会被吹捧；当别人和你发生利益冲突时，你的缺点又会被成倍地放大。当你更加深入地了解社会现实之后，就会明白这是一种常态，这并非是你个人的一种特殊遭遇，而是一种社会现象。所以当你遭遇类似的事情时，你要尽量放宽心，要告诫自己“这并没有什么，这都是一些常见现象，不值得大惊小怪”。

哈佛大学曾经做过一个实验，他们选出 14 位犯错的学生，然后安排几个老师刻意提出批评，当然这些批评大都不是很公正客观。结果研究人员发现犯错的学生对于某些“新罪名”和“过分指责”显得非常抵触，其中 3 个人显得非常焦急，总是打断老师的问话，急于为自己辩护；还有 5 个人决定去校领导那里投诉，认为自己受到了不公正的待遇；有 4 个学员表现得无可奈何，面对莫须有的罪名，他们显得很沮丧；只有 1 个学员承认了自己所犯的错误，而对那些过分的批评则表现得很淡漠。

事实上学校通过这样的实验来研究学员在面对不公正待遇时的反应，因为这是你在社会中必须面对的一个课题，在纷繁复杂的社会活动中，我们所遭遇到的困境远远要比这些更多，如果不能够坦然面对，不能够想出更好的解决方法，那么很可能会因此而面临更大的生存危机。很显然，这次的实验，只有 1 个人表现合格。

你当然会厌恶批评，你讨厌有人对你指指点点，任何一个人都不希望受到别人的质疑，而那些过分的不公正的批评更是让你火冒三丈，但你得学会适应这些，你要懂得去迎合他人的批评声，因为你躲避不了。你决定不了别人是否要对你进行恶意攻击，你没有办法阻止他人对你的诽谤，但你能决定自己是否可以不受任何干扰，你可以有效控制自己的情绪。你当然可以狠狠地踢那些造谣者的屁股，诅咒那些不公正的“施虐者”，你还可以冲他们咆哮，或者采取必要的报复手段，但那样做只会让你变得更加不成熟，只会让你的行为越来越偏离轨道。

过激的反应只能证明你的心虚和恐惧，你担心自己会被恶意抹黑，但事实上你有什么好担心的呢？如果你是一个好人，一个正直的人，一个没有犯错的人，那么用不着去害怕什么，恐惧会剥离你最后的一点儿理智，会让你变得更加脆弱，更容易遭受攻击。比如当遭受谣言的侵害时，你会怎么办？多数人一定会奋起反抗，和造谣者抗争到底，但事实上你解释的东西越多，反而越容易将自己描黑，到最后大家都相信你的确做了这么一件事。但是如果你不闻不问，保持沉默和冷静，谣言常常会不攻自破，至少会因为当事人的沉默而慢慢烟消云散。

人们实际上并不会对你我这样的陌生人给予太多的关注，更不会太在意别人对你我的评价，很多时候，事情都是被我们自己闹大的，我们太在乎自己的名声，把自己看得太重。你总是在想：大家会如何看我呢？事实上这只是你自我感觉良好的一种表现，多数人都只关心自己的工作、生活、家庭、吃饭，以及其他一些鸡毛蒜皮的小事，没人会真正在乎你怎么样，所以你要做的就是继续保持这种不为人知的状态。别人在背后污蔑你，给你泼脏水，给你使绊子，给你捅上一刀，然后你就开始陷入到疯狂的报复之中，陷入到自怨自艾的困惑之中，但你想过没有，自己这样做是否值得？

一个聪明人是不会接受不公正的批评，也不会因此拼命抗争的，因为这是一件无谓之事，没有任何存在的必要，也没有任何辩驳的必要。当然我们罔顾那些不公正的批评，并非意味着我们对一切外来的评论都置之不理，与此相反，我们要懂得进行区别，我们要明白哪些批评是有失公允、失之偏颇的，而哪些批评又是公正客观的。了解这一点至关重要，这可以使我们在免受干扰的同时，能够吸取教训，以防止再次遭受不公的待遇，同时也能够虚心接受外在的批评和监督，这有助于我们及时改正错误。换句话说，我们不一定要对那些伤害自己的人做出什么反应，但是一定要认清那些“敌人”以及他们的伎俩，这样有助于我们更好地处理类似的事件。

哈佛大学的校长艾略特也是一个备受争议的人物，一方面他对哈佛的发展有过重要的贡献，但是另一方面他因为性格上的缺陷，犯下了一些错，对哈佛造成过一些伤害。而这些错误常常成为攻击者的武器，很多人甚至进行恶意攻击，刻意污蔑他的个人形象，他却并不在乎。有一次，这位高傲的校长让人将那些污蔑者的话一条条列出来，他笑着说：“我从不知道自己原来这么邪恶，我现在所担心的是他们还能不能想出更多的罪状。”

从现在开始，我们只需要做那些自认为对的事情，不要理会别人的说三道四。不管怎样，你都会遭受不公正的批评，哪怕你什么也不做，也照样有人会出来污蔑你。既然如此，那么为什么不像个瓷娃娃一样待在房间里不出来，你要适当远离那些负面的不客观的评论。

毕业于哈佛大学的马修斯经营着一家公司，为了维护一个完美的形象，马修斯努力同员工打好交道，树立正面的形象，尤其是面对那些质疑者和怀疑者，马修斯更是想尽办法来消除彼此的隔阂。即便如此，公司里的造谣者众多，常常有人无端批评他，一开始他想尽办法去解释和反抗，但发现树敌越来越多。他意识到只要自己还是公司的领导者，那么流言蜚语和私底下的恶毒批评就不会停止，所以最后他选择了坦然面对。因为他明白无论自己做什么，做得有多么出色，总是有人会站出来提出一些看似很滑稽的看法，总是有人会批评他的所作所为，与其这样，倒不如放开怀抱、听之任之，这样还能免受干扰。

年轻人在面对不公正的批评时，完全没有必要去动怒，没有必要去急着证明自己的清白，要知道，当你沉默的时候，批评声自然会越来越少，你真正应该在乎的就是那些不实的批评和谣言。

不要批评你不了解的人，要趁机向他学习

如果你不了解一个人，那么就不要轻易做出评论。

——哈佛法则

如果你不事先了解对方，就不要妄加评论，更不要随意去批评，当你没有办法掌握对方足够的信息时，你的评论很可能会片面，你会依据对方某一方面的表现来评价对方的整体。当你发现某个人身上的某个优点时，对方就很可能会被这些“好”笼罩起来，然后被赋予一切好的品质。如果你过于看重对方身上的某个缺陷，那么他就会被“不好”的光环所笼罩，这时候你会认为对方是一个坏人，而他身上所有的品质都是坏的，这时的你可能会给予尖锐的批评和指责。很显然，这种片面的认知和批评很容易误导我们的认知和行为。

另外，由于缺乏充足的信息，我们对于他人的评价可能来源于别人的传言，你会盲从别人的想法，当别人如何看待这个人时，你也会随着做出

同样的评论，这显然不公平，因为当别人刻意抹黑对方时，你也容易跟着犯错。

如果我们根本不了解某个人的话，那么不要轻易去批评对方。你需要更为客观地去了解对方的一言一行，你需要抱着学习的心态去接触对方，只有从学习当中你才能够真正了解对方在想些什么，你能够了解对方的真正目的是什么，这时候你才能够真正去评判对方行为上的对错。

我们中的很多孩子都有过类似的经验，那就是拿起猎枪或者弹弓去射杀一只知更鸟，很显然我们从口耳相传的经验中了解到知更鸟的那些邪恶故事，我们因此坚定地批评和仇视它，并以杀死它来作为对它的惩罚。但是这种体态娇小的小鸟，身披彩羽、歌声婉转，它还是捕捉害虫的益鸟。也许有人曾经试图告诉你不要拿枪对着它，但是你仍然会这么做，甚至于只是为了试一试自己的枪法。知更鸟总是为我们的鲁莽而付出代价，因为我们从来不曾想过先要努力了解真相和事实，我们总是迫不及待地对人对事做出一番评论，而在此之前，自己对那些东西竟然一无所知。

这种类似的情况并不少见，在人际交往中也很突出，比如说种族歧视，我们甚至都不了解一个黑人的孩子或者青年是好是坏，他是什么人，他从事什么工作，可是有些白人就是愿意将他当成罪犯，当成黑人社区的贩毒者和强奸犯。我们就会轻易地说“哦，那个孩子啊，他一定是个坏家伙”，我们依据外在的视觉感受，依据道听途说从道德上来审判一个人，这实在是欠妥的行为。事实上，这些被你蔑视和批评的人也许是非常出色的工程师，也许是商业奇才，也许是非常善良的人，也许将来会成为美国的总统，可我们的草率和偏见掩盖了事实真相。其实，我们更应该做的是谦卑地走进他们的生活，去尝试着了解他们，向他们学习生活的技巧，这样我们才有资格去做出评判。

1971 年，博克成为哈佛大学的新校长，上任之前，很多人都对他提出了质疑，毕竟博克曾经就读于斯坦福大学，而众所周知，斯坦福大学是哈佛大学的死对头，而且因为哈佛自身所犯下的愚蠢错误，才导致了斯坦福的诞生，因此哈佛人对斯坦福抱有成见和敌意。博克的就任无疑给所有哈佛人捅了一刀，大家都担心博克这个人会就此毁掉哈佛大学的数百年清誉和名声。

但是关于博克这个人，很多人都不认识他，也没有多少人真正了解他是什么样的人，他有什么样的抱负。在这种情况下，他却要面临和承受各种各样的非议和批评声，内在的压力可想而知。但是前一任的校长普西和少数的几位领导者却非常信任博克，他们坚信博克可以很好地引领哈佛大学，他们甚至建议学员和其他老师向他学习，并尽可能地了解博克的为人以及出众的能力。

经过一段时间的相处，大家发现博克实际上并非传言中的卧底，也不是一无是处的无能之辈，与此相反的是，他对于哈佛的发展有一个明确的规划。事实上，正是因为博克提出了哈佛的“核心课程计划”，使得哈佛的办学理念从单纯的注重知识培养转移为注重教养的培养，毫无疑问，这种教育新模式提升了学生的整体素质。正因为如此，博克成为在位时间仅次于艾略特的哈佛校长，他直到 1991 年才卸任，在这 20 年中，他对于哈佛走向现代化起了重要的作用。

毫不客气地说，哈佛人差点因为自己的偏见和鲁莽而毁掉了一位杰出的校长，而这件事也使得哈佛人开始反省自己的行为，他们开始遵循博克的意愿，开始提升学生的教养，开始注重学生综合素质的提高。当然更多人开始崇敬博克，并积极向他学习。

所以永远不要轻易去评价一个人，更不要轻易去批评他，我们不要总是用评价知更鸟的方式来评判别人，除非你足够了解他，除非你了解事实的真相，否则你所做的你所想的都缺乏根据。而了解一个人的最佳方法就是学习他，从他的日常行为和思想中去领悟对方的人生，去弄清楚对方最真实的那一面。

直到今天，我们依然鲁莽行事，尤其是年轻人，更容易犯下类似的错误，把矛头指向一个人似乎是轻而易举就能办到的事，我们甚至懒得考虑自己这么做是否恰当，因为我们已经受到了环境的影响，并认为环境要素是值得信任的，我们没有任何理由去怀疑什么。但是从负责任的角度来说，年轻人不该过于草率，因为这会对我们的判断产生重大影响，我们要明确一点：没有足够的了解，任何人都没有发言权。

没有批评的声音，你该如何成长

批评是爱的另一种表达方式，它使你变得更加坚强完美。

——哈佛法则

哈佛的心理学家泰勒认为每个人都怀有批评恐惧症，一些严重的患者还会出现社交恐惧症，在他们看来批评就是一种否定，就是一种贬低，所以多数人都对他人的批评声表示不满，也许你能够虚心接受，但是从心底最真实的情感来说，他人的批评还是不可避免地带来一些不悦和尴尬。一旦这些外来的冲击超出了我们能够承受的心理界限，那么问题就会开始爆发，我们会表现出强烈的反抗情绪，并开始抵触他人的指指点点，甚至曲解他人的意图。

想要防止矛盾扩大，我们应当了解批评到底是为了什么，仅仅是因为兴趣爱好，或者是满足个人无事生非的欲望？批评者是何居心，批评是否具备什么益处呢？了解这些，将有助于提升我们对于批评的认识，将提升我们对于生活的展望和自我认知的水平。事实上，批评是生活中不可或缺的一个部分，我们从孩提时代就遭受父母和老师的批评，并且引以为戒，这些批评指导我们如何更好地规避错误和风险。通过批评，我们可以很好地了解到他人对自己的看法，这样有助于完善个人的形象，我们能够从自身以外的立场上来认识一个相对真实的自我。实际上，外来的评价有时候比自我认知来得更为真实可靠。

另一方面，我们可以通过他人的提示和警告来发现并纠正自身存在的一系列问题。多数时候，你忠诚地维护自己正面的形象，防止任何一个污点被发掘出来，但事实上批评的缺失容易让你失去最基本的自我认知和判断能力，没有人告诉你做错了，没有人纠正你的错误，你还可能发生价值观上的曲解，对生活也会失去全面的认识。下一次，你还是不可避免地会犯错，而且错误会越犯越大。

换句话说，批评实际上是我们成长过程中必不可少的要素，我们想要让自己表现得更好一些，那么就要正视自己的错误，要主动请求别人的监督，不要去排斥那些批评者。当别人攻击和批评富兰克林时，他诚心悔过：“批评者是我们的益友，因为他点出我们的缺点。”这位来自哈佛大学的政治人士一生中很少犯错，而且德高望重，但仍然谦卑地接受他人的批评和指责，他将其称之为完美人生的一种有效保障。

林肯总统是美国历史上最著名的三位总统之一，但他却承认自己一生中似乎很少做对什么事情，总是不停地犯错和失败，当然重要的是总会有人及时提醒和批评他，这样才铸就了自己的伟大。有一次林肯为了取悦某个政客，竟然私自签发调动军队的命令，这让掌管军队的爱德华·史丹顿非常气恼，他直接批评林肯是个笨蛋，林肯听说后，非常平静。他淡淡地说："如果史丹顿说我是一个笨蛋，那我一定就是笨蛋，因为他几乎从来没有出过错。看来我得亲自过去看一看。"林肯于是重新审查自己的这个命令，当他发现自己犯错后，很快取消了这个命令。

在一切伟大的性格当中，必然会有这样一项：虚心接受他人的批评。我们毫无理由地排斥和抗拒外来的批评，殊不知批评本身就是力量，一种来自外界的压迫力，这种压迫力足以使我们变得更加强大。因为我们知道想要减少或者消除批评声，最好的办法并不是让别人闭嘴，而是想办法改进和完善自己，当你变得更加完美时，即便是苍蝇也不会盯上你这个无缝的鸡蛋的。因此我们需要利用好这种力量，需要更好地运用外来的刺激来矫正自己的行为，来提高自己的能力。

哈佛大学的校长艾略特说："哈佛不光要迎接赞美，还要迎接批评。"这是哈佛包容的一个主要表现。事实上哈佛大学曾经也备受争议，哈佛也曾犯过很多错误，但是它并没有想办法遮掩过去，而是坦然地面对，正因为如此，哈佛才能够成长为今日的哈佛。比如第一任校长伊顿，这个堪称哈佛奠基人的牧师，在掌管哈佛的那几年时间里爆出了一个天大的丑闻，那就是伊顿的妻子没有将购买来的牛肉分给学生，而且贪污了学生饮用的啤酒，结果引发了社会性的批评，伊顿主动揽责，最终引咎辞职。

1848年以前，哈佛拒收黑人学生，这种明显带有种族歧视的校规引起了很多人的不满。1848年，埃弗雷特担任校长，很快就招收了一名黑人学生，尽管引起了白人学生的抗议和反感，但是埃弗雷特不为所动，他认为学校既然犯了错，那么就不能继续纵容这个错误继续下去，于是对白人学生说："如果这位黑人学生通过考试，他将会被录取。如果你们退学，则哈佛的收入将会被用作这个黑人学生的教育费用。"正是因为及时纠错，哈佛大学才成为兼收包容的名校。

从哈佛大学成长史来看，哈佛的成长离不了社会的监督和批评，如果缺乏这种相对严厉的管制和关注，那么哈佛也许只是一个很小的学校，也许只是剑桥大学一个失败的复制品，也许早就消失在历史当中。今天我们有幸见到哈佛的文化，甚至有幸参与其中，这不得不感谢那些批评声。即便是今天，哈佛依然遭受着某些质疑，这样一个先进而庞大的教育体系，如果没有一丁点儿的怀疑和批评，那才是不正常的，那才是对哈佛最大的侮辱。

今天，年轻人还在喋喋不休地抱怨那些批评者时，应该想到别人的批评恰恰是为了你好，即便对方真的不怀好意，因为批评越多，你接受的挑战和动力也就越多，当你在批评声中一点点完善和提高自己的时候，你将会变得更加强大和完美。

如果你经常批评别人，何不试着先赞美别人

批评并非是粗鲁的警告，而应该是一种让人感到舒适的技巧。

——哈佛法则

很多时候，你将自己设定为一个批评者，你看不惯任何人犯错，你总是抱有强烈的责任感，或者你更像是一个眼里容不得沙子的偏执狂，你总是在评论他人的做法，也许这并不妨碍你是一个有想法有主见的人，但是你要记住，其实没有人愿意听到批评声，连那些最最心胸开阔的人，也不见得真心愿意听到他人的负面评价。

我们在批评他人以前，要多想一下，自己的批评是不是真的会起到什么作用，你批评的目的又是为了什么。为了达到这样的效果，我们不能直接平铺直叙，因为你不要指望每个人都能够虚心接受你的指责，当你的批评引起他人的反感和抵抗时，你说的所有话都是一种伤害和攻击，最终只会适得其反。

好吧，也许你应该懂得拐一个弯，你要懂得先给对方一些心理准备，目的是为了减缓批评所带来的强大冲击力。那么你所要做的其实很简单，那就是在批评尚未开始之前，先赞美几句，这些赞美显然可以很好地降低双方的隔阂，能够进一步拉近彼此之间的关系，当你一步步赢得对方的信任和理解时，你再说出自己的意见或者建议，这时候对方肯定更容易接受。

批评和赞美并不完全是矛盾的，当两者结合起来的时候，往往可以发挥出意想不到的功效。这是一种沟通交流的技巧，有助于在批评的时候，赢得更多的信任。比如当你准备指出某个人的错误时，你可以适当拿他的优点说事："你是一个很棒的人，我非常喜欢你的工作态度。"诸如此类的好话能够让对方放下警惕，这时候你可以顺势说出自己的想法，对方也就更愿意竖起耳朵倾听。

哈佛大学的比尔教授由于面临着婚姻危机，上课的时候总是心不在焉，频频出错，结果很多学生将这种情况直接反映到了校长那儿，校长决定批评比尔，当然比尔是学校里很有声望的教授，而且从教多年，校长担心自己的批评可能会让心情糟糕的比尔更加恼怒，甚至萌发辞职的想法，这是校长不愿意看到的。

第二天，校长找到比尔，当面就开始夸奖："嗨，比尔，我正在想办法解决某个公关难题呢，第一时间就想到了你，听我说，这件事只有你才能做到，因为你是我见过的最好的老师之一，不过——"

"不过什么？"比尔非常好奇地问道。

校长接着说："我听说你最近遇到了些麻烦事，上课也没有什么精神，老实说我对你最近的状态不是很满意，我不知道现在找你是否合适。"

比尔一下子就听出了校长的弦外之音，于是当场就觉得很不好意思，他对校长说："先生，我的确遇到了些麻烦事，不过很快就会解决的，我觉得您下次看到我时，我已经恢复了，那时一定可以帮您分担忧愁的。"

在这里校长并没有直接给予批评，而是顾全了对方的面子，通过赞美来缓解可能发生的冲突和矛盾，这样就为之后的批评创造了有利的条件。当然在实际生活中，大家往往忽略这一点，认为根本没有必要把事情弄得那么烦琐，简单粗暴、单刀直入是常见的交流方式，但效果却并不明显，多数人在你把话完完整整地说完之前，可能已经对你抱有成见。当你认为别人犯错的时候，你可能也做了一件蠢事。

如何更有效率地让别人接受你的观点，这的确是一门技巧，如何让别人安然接受你的批评，这更需要高超的说话艺术，我们应当尽量缓解和避免人与人之间的矛盾。而当彼此的关系更加顺畅的时候，沟通和交流才会取得更好的效果，因为此时彼此之间已经建立起了比较微妙的信任感。一个优秀的批评者，通常都能够掌握一些必要的技巧。

批评并非是为了教训和警告，而是为了指出错误、纠正错误以及防止错误的再次出现。批评也不是针对个人的攻击行为，而是一种针对错事的警示手段。因此我们应当明确批评的要义并重新审视批评者的动机，这样我们就会更加珍惜自己批评他人的权利和义务，我们能够顾及他人的感受，也愿意改进我们的方法。

无论面对什么人，无论面对什么样的错误，我们并非是为了批评而去批评他人，我们要明确这一点，也要尽量让对方了解这一点，这样就可以最大化地消弭彼此之间的误会，能够尽可能地降低沟通交流中的摩擦，减少可能存在的风险。赞美则是减缓这种摩擦和风险的最佳手段，事实上这是一种非常有效的平衡心理的手法，在批评之前进行赞美，能够平衡纯粹批评所带来的失落感和挫败感，还能确保双方不会产生误会。

对于年轻人来说，批评很容易成为一种攻击手段，尽管他们一再强调自己并非是针对个人的行为，但事实上冲动的个性很容易扩大矛盾，很容易导致问题的转移，最后可能演变成相互攻击，这就和初衷完全背道而驰了。所以年轻人更需要注意批评的方法和技巧，更需要把握被批评者的心理。

第十二章

法则 12：

细节——成功者和失败者之间最大的差别

哈佛给人的感觉就是做大事的，但是哈佛人更加注重细节，他们对于细节的保护和把握实际上让人惊叹，因为他们明白任何伟大的事情都是从小事做起的，而且都要注重对细节的考量，一旦细节不好，那么哈佛就难以成就今天的教育神话。在哈佛大学中，所有的学员都被告知要从小处细处着眼，如果只想着做大事而忽略细节，那么将一事无成。

你注意了细节会赢得更多关注

一个善于把握细节的人也必定是专注和负责的人。

——哈佛法则

很多人在职场上总是如鱼得水，能够和其他人打成一片，而你却总是四处碰壁，你的老板也不想见到你，处处和你为难，你当然为此苦恼，甚至百思不得其解，其实这并非因为你做错了什么，而是因为你做得还不够好，不够仔细。你是否经常有意无意地赞美别人？你是否经常和别人问好？是否在下楼的时候不忘捎上一句“需要带点儿什么吗”？你是否会在同事生日那天捎上一句生日祝福？是否会帮忙整理一下老板的桌子？是否总是使用合适的尊称？

你是一个注重细节的人吗？你会在意那些细枝末节的东西吗？你是否非常在意自己的穿着打扮，是否常常记得出门前整理一下衣服和发型？你的办公桌是否总是一尘不染？你是否总是随身携带纸巾？

哈佛大学最新一项研究表明那些平时很细心的人，在工作中更容易受到老板的青睐，尽管他们在个人能力上并不占太多优势，但是细心的特质为他们赢得了更多的表现机会。研究人员发现，细心的人升职的机会要比粗枝大叶的人高出 10 个百分点，而加薪的机会要比其他人高出 12 个百分点，而且细心的人似乎总是要和老板走得更近一些。

事实上，我们平时所做的可能都是很不起眼的小事，做或者不做都不会对事情造成什么重大影响，但是却很容易因为注重细节而引起他人的关注。对于细节的把握恰恰体现了一个人的工作态度和生活态度，善于把握细节的人一定很细心、很敏锐、很有责任感，而且为人踏实，这一点恰恰容易抓住别人的心理，所以你最后所受到的关注和重视一定会更多一些。

福特之所以受到重用，是因为他发现了落在门口的一些碎纸，然后弯下腰捡起来丢入垃圾桶中，就是这样一个细微的动作，让老总对他刮目相看。也许你会觉得这是运气，但事实上，你也会像福特一样捡起地上的垃圾和纸屑吗？你是否意识到你的家庭、你的办公室中每天都有垃圾被遗漏掉，而你却从未想要去捡起和清理？英德拉·努伊只是因为特意穿了一件印度纱丽，而在舞会上受到了首席执行官的关注，之后她成为百事公司的掌门人。在那样的场合下，一个过去是英属殖民地上的子民的人，面对的是白人，却自信且非常有心地用一件纱丽来表明自己独一无二的气质，这一点你能够做到吗？

在这里你需要改变自己的看法，需要重新来看待这些所谓的巧合和运气。严格说来，他们只是比其他人更加注重细节而已，只是比其他人更加懂得如何把握好细节而已，这是一种能力，更是一种态度，而态度决定一切，你没有任何质疑的理由，他们即便不是因为这些事情，也迟早会因为其他事情而获得极大的关注。

今天我们并非有意谈论某一个粗心的民族或者国家，但事实上在最不注重细节方面，美国人应当是榜上有名的，300 多年的自由和民主思想让美国人不想受到任何拘束，因此他们是不大愿意为一些小细节花太多时间的。这一点从美国人的饮食和交通工具中得以看出，相比于法国食物、意大利食物、中国美食的精细，美国人的食物太简单了，那些餐饮业的老板甚至都不想费什么脑子来改进一下自己的食物，哪怕只是稍微改进一下，对他们来说都显得多余了。还有就是交通工具，最明显的就是汽车，美国人的汽车一直很大气，汽车的动力系统一直领先世界，但是美国人缺乏精雕细琢的精神，他们造出了世界上最耐用的汽车，却忽略了汽车内在的修饰，因此我们可以看见一个重要的现象，美国的汽车粗犷有力量，但是太过朴实，缺乏精致美。而反观德国人，他们更加注重汽车的外形以及修饰，哪怕只是一些细节性的东西，也要加工再加工，这无疑说明了他们对于驾车者的驾车心理有着更高的领悟力，这也就赢得了大众消费者的认可。这也是为什么德系车子慢慢走向全世界，而美国的三大汽车厂家却陷入困境。

实际上多数人都可以做到更细心一些，在这一方面所有的美国人应该好好向哈佛学习，哈佛大学就是一座非常注重细节的学校，如果你有幸进入哈佛观赏，那么很可能会走到麻省理工大学中去，因为两者之间并没有什么明显的界限，更没有所谓的围墙，这种近似于一体化的建校模式实际上正显示出了哈佛的博大和包容。

此外，哈佛大学的每一处地方都彰显了浓厚的人文气息，这与现代化学校一味注重建造高楼不同，哈佛的教学楼独具特色和风味，每一个细节的把握都非常恰当，为的就是给学生创造更好的学习环境，为的就是营造最好的氛围。当你置身其中的时候，即便是站在一个最不起眼的地方，你也能够从最卑微的感触中意识到这就是哈佛，独一无二的哈佛。

正因为哈佛非常重视细节，所以它总是独具魅力，每年都有数十万的游客慕名而来，为的就是感受世界一流名校与众不同的文化氛围。而哈佛本身的这种优良传统和精神也影响到了一代代的哈佛人，从校长到学员，无一例外都被要求重视细节。据说哈佛大学开设了一门非常奇怪的课程，学校要求学员们从一大堆烦琐的图片或者符号中找出不同的类型，这就类似于今天的查找游戏，当然哈佛的目的在于锻炼学员的眼力，在于提升学员对于细节的敏锐感受力和关注度。

在今天，我们没有任何理由去拒绝细节，没有任何理由去忽视细节。在企业中，我们需要一流的执行力，而一流执行力离不开对细节的重视。在生活中，我们需要更加认真负责，需要懂得把握每一个生活细微处，这样才能领悟生活。尤其是年轻人，更加要建立起注重细节的观念，当你越重视细节的时候，生活也就会越来越重视你。

最不起眼的地方往往决定成败

细节决定成败。

——哈佛法则

在日常生活中，失败或者成功是常见的现象，对此我们没有必要保持过于严肃的姿态，因为失败或者成功本身就是人生循环的一部分。当然在讨论这类问题的时候，我们需要认真地坐下来分析一下，很显然，在大多数成败经验中，我们能够了解到这样一个事实：多数成败并不是大方向上的对与错，也不是决策上的失误与否，而是一种细节问题，因为方向或者决策通常容易发现或者改正，但是细节问题却最容易被人忽视，而且也最难以被发觉。

毫不客气地说，多数人的失败不是因为他们的能力不够，不是因为他们的梦想不够远大，不是因为他们缺乏耐性，不是因为他们选错了方向，而是因为他们不够细心，他们常常轻而易举就将那些细枝末节忽略掉了，而这些细节恰恰是把握成功的关键，同时也是造成失败的关键点，一旦我们没有及时处理好细节问题，很可能会导致重大的失误。

就像英国民谣里所说的那样：丢失了一颗钉子，坏了一只蹄铁；坏了一只蹄铁，折了一匹战马，伤了一位骑士；伤了一位骑士，输了一场战斗；输了一场战斗，亡了一个帝国。这位倒霉的骑士就是英国的查理三世，他的马夫先生觉得大战在即，时间紧迫，马蹄上少一颗钉子也没什么了不起，结果发生了悲剧，但是谁能在战前想到是一颗钉子毁掉了一个国家呢？听起来似乎不可思议，但实际上这种事情在很多时候都可能会发生，如果你不那么细心的话，很可能会引起连锁反应。

哈佛大学曾经对全世界的空难和海难事故进行研究，最后发现绝大部分的客机和轮船失事都是因为一些小问题，有可能是一颗螺丝钉、一块松动的铁皮、引擎上的一个小裂缝，或者是仪表上稍微偏转的指针。工作人员每天都忙这忙那，忙着如何起程，却没有检查那些细节的地方，而错误往往就发生在细微的环节，它们并不那么明显，但是在某些特定的巧合之下，它们刚好成为巨大的隐患。

事实上，如果相关人员能够保持专注和投入，能够认真做好每一件事，那么就不会造成各种事故。关键还是在于个人的工作态度，看看你是否真的务实，是否真的负责，是否真的会认真对待每一件事。一个将所有细节都抓在手里的人，是不会将事情搞砸的。

18 世纪初，美国宾尼法尼亚州有位叫本杰明·富兰克林的年轻印刷商，他总是非常认真地对待自己负责的每一份印刷品，每一个字、每一个标点符号、每一行的排版，他都尽量将它们做到最好。这样的工作态度赢得了客户们的赞赏，大家都愿意和这个务实的年轻人做生意。一些出版商还好心地劝说富兰克林没有必要将所有的印刷品都弄得那么好，有些细枝末节就算了，否则那样就太不合算了。而富兰克林却说："我只有每天都坚持做到最好，把每一份印刷品当成最重要的印刷任务，我的工作才能够变得更加出色。"

正因为富兰克林态度端正，不会轻易错过任何一个环节，他才会受到大家的欢迎。而他本着高度敬业的精神，竭力做好每一份工作，不仅成为杰出的印刷商，而且在 1753 年，他通过不懈的努力终于拿到了哈佛大学的学位。在接受学位的时候，他的导师做出了这样的评价："一个伟大的人物必然在每一个细节上都能全力付出。"很显然后来的富兰克林还成为杰出的作家、音乐家、科学家以及外交家，甚至参与了《独立宣言》的起草工作，成为美国独立战争的伟大领袖。

在今天，富兰克林式的成功并不多见，因为没有多少人能够确保自始至终都保持旺盛的精力和端正的态度，我们总想着投机取巧，想着省略一些无关紧要的步骤，如果感觉只要两步就能走完的话，很少有人会老老实实地走上三步。我们觉得成功是可以进行过渡性跳跃的，我们认为成功可以寻找一些捷径，也许如今天赋异禀的人更多，但成功者却慢慢减少，因为我们缺少务实的态度。

我们习惯于将那些大事当成一个整体来看，但就像电影一样，它只不过是每个细节、每个小镜头拼接而成的，想要确保整体的和谐和完美，那么就一定要在细节上做足功夫，要尽量保证每一个环节都是完美无瑕的。很多失败者到最后都会发现，其实自己的方向并没有错，自己所做的大部分事都处于正确的轨道上，但是最终造成失败结果的往往是一些小问题，而且是一些经常容易被忽略的小问题。事实上美国航空灾难的发生多数也是一些小毛病引起的，因为它们不容易被发现，而且多数人都不愿意花太多时间去关注这些东西。

尽管危险常常是不可预知的，但最行之有效的方法就是把握好要做的每一件事，以及这些事情的每一个微小细节，坚决从每一个细节处进行预防，永远不要忽视对细节的控制和把握，这样就可以最大限度地减少错误的发生。

哈佛大学的西奥多教授说："魔鬼藏于细节。"任何一个小小的细节都可能会摧毁一个大的整体，所以成功就是做好所要做的每一件小事，把握每一个细节。年轻人在处理事情的时候，一定要严格把控好每一个细节，不要轻易犯下任何一个小小的错误，每一部分的工作都要尽职尽责，不能因为它看上去不重要就马虎了事。一个人只有保持这种务实精神，保持谨慎和负责的态度，才能够更好地避免失败。

将细节做到极致，你就比别人早一步成功

谁的细节做得更好一些，谁就率先获得了成功。

——哈佛法则

若是在街上，你可以轻易发现很多不修边幅的美国年轻人，这在一个世界最富裕最强大的国家是习以为常的，但是在很多第三世界的国家，人们即便是在边缘徘徊，也会注意个人的形象，也会把握好生活的细节。毫无疑问，我们总是专注在做大事这个层面上，却忽略了那些小细节，我们有着世界上最先进的技术，但是生活类的产品却常常一塌糊涂。我们认为那无关紧要，觉得那些细节性的东西实际上没有任何意义，但是不可否认，在各个领域，我们的强大优势正在被缩小，我们的弱势项目却又无情地被拉大。我们应该意识到那些善于抓住细节并且将细节进一步完善的人，通常都获得了成功。

在大家大口大口饮用果汁的时候，有人想到了一个细节，就是发现越是小口饮用，果汁的味道就会越鲜，于是有人发明了吸管，并且很快收获了成功。还有我们熟知的服装大师乔治·阿玛尼，他并没有比别人更具有创新意识，但是阿玛尼注重面料和设计，每一道工序都能够精益求精，争取做到最好，正是因为坚持“细节至上”的原则，阿玛尼很快成为全世界最有魅力的服装品牌。麦当劳也是依靠细节成功的，它抓住了上班一族和年轻人追求快捷、方便、简单的饮食心理，将快餐文化做到了极致，于是很快成为全球快餐的巨头。

看到类似的成功案例，这的确很伤人，你也许会认为自己也具备别人

那样的实力，你甚至觉得自己可以比别人更有创意，但问题是你从来不曾获得成功，因为你的眼界始终太高，你只停留在那些大事上面，你愿意将所有的精力都放在如何将事情做大，如何开拓新领域上，却没有想过，其实把握好每个细节通常才是成功的重要保障。

现如今人们更加注重精细的生活方式，对于细节的要求更高，因此，如果你能够将细节做到极致，那么实际上就迎合了大众的消费心理。而且事实上细节是最值得推敲的地方，具有完善的余地，这是一个相对明显的优势。

每个人都渴望做大事，但事实上没有多少人具备这样的机会和能力，多数人还是为一些琐碎的事情而忙碌。就像美国大工业时代的工厂里面一样，多数工人都在为一些烦琐的小工作而忙碌，也许只是拧紧一颗螺丝钉，也许只是检查机器，也许只是摁一个按钮，也许只是封上一个包装袋。但是在做这些琐碎的工作的人中依然会出现伟大的企业家、伟大的工程师，因为他们将小事情做到了最完美的地步。就像美国的邮局办事员乔克一样，他给信封盖章、贴邮票的速度竟然比机器还要快，这简直让人难以置信，很显然工业时代的机器依赖症在他这里并不存在，他的速度也已经远远超出了工作的要求，因此他的成功具有非凡的意义。

谁更注重细节，谁就更能够获得成功，这已经成为精细时代的一个伟大定律。我们的产品和消费方式无一不是向着精细化转变的，以至于我们对于产品包装的要求远远超过了对产品使用价值的要求。这并非是一种不正常的现象，而是一种时代需求，很明显的一个例子就是美国人的火鸡摆在橱窗里只能卖到30美元，当然加工方法也很粗糙，但是一旦包装之后，火鸡的价值将翻倍。这样的把戏已经是精明的商人们必备的一种营销手段，因为谁都明白细节至上的道理，谁对细节把握更好，谁就更能够赢得成功的机会。

今天我们有理由转变思维，要知道，将一件小事做到完美，那就是不简单，将细节做到极致，那就是不简单。因此，我们没有必要刻意求大求新，我们需要做的就是改进、雕琢。就像磨玉石一样，一块玉的价格不仅仅在于玉石的纯度和类型，还在于加工的手法是否足够高明，在一流的雕刻家手里，玉石的价格会翻上好几倍。

哈佛大学的乔治一直以来致力于研究美国加工制造业，经过多年的接触和研究，他发现了美国人的玩具并不受消费者的欢迎，多数美国家庭更乐于购买来自中国的产品，原因就在于中国的玩具更加人性化一些，一些边边角角的修饰更加合理，反观美国的产品，毫无疑问，显得太过粗糙了。不得不说美国人为他们的粗心大意付出了惨重的代价，2009 年的统计数据表明，中国玩具占据了美国玩具市场 75% 的份额，而美国本土企业则占据了不到 7% 的份额，这是极具讽刺性的对比。乔治曾经呼吁美国企业家要重视自身的工艺的改进，而不要一味抱怨来自中国和亚洲其他国家的商业威胁。

乔治曾经写过一篇《细节摧毁美国》的文章，尽管美国曾是世界上最大的工业国家，制造业非常发达，可是对于细节的忽视使得美国丧失了这些优势。而反观中国，尽管美国人一再抨击中国人缺乏创新，但是中国人对于细节的把握恐怕是世界上最成功的国家，所以它理所应当地成为制造业和加工业的大国，解决了上千万人的就业问题。一个将细节做到如此极致的国家，是没有任何理由不发展壮大起来的，要知道将细节做到最好，这本身就是一种创新。

为了佐证自己的观点，乔治还亲自前往中国，在进行更为深入的了解之后，他发现尽管中国的技术相对发达国家要落后一些，但是由于其具备数千年的手工制造的底蕴，中国人更喜欢追求细枝末节上的成功，他们有一种更为独特的细节文化。无论是一件手工艺术品，还是一件工业作品，他们都会想办法雕琢得完美无缺。这也是为什么苹果公司会将加工业务重点放在中国的原因。

事实上，我们追求的是技术的革新，追求的是大的研究方向，追求的是新出路，但是用新瓶装旧酒的思维却远远落后于其他国家，我们的青年能够站在演讲台上高谈阔论，却不愿意将衣服的扣子系得更紧一些；我们的青年能够在实验室里发明创造新的东西，却没有办法把一个试管设计得更为合理一些；我们的自由主义和粗放思维引领了世界的创新，可是一方面，年轻人对于细节的漠视，又导致我们失去了太多竞争的优势，而我们为之付出的成本却在不断增加。

让细节成就你的梦想

那些一心想要做大事的人，常常对小事嗤之以鼻、不屑一顾。其实大事都是由小事组成，连小事也做不好的人，大事是很难成功的，

——哈佛法则

柏拉图曾经说过：“如果没有小石头，大石头也不会稳稳当当地矗立着。”这句话更像是对美国人的一种警告，对于美国人而言，大石头才是最重要的部分，他们甚至只愿意将目光放在这上面，因为小就意味着没有价值，而没有价值的东西，他们是绝对不会去过多地给予关注的。

直到今天，我们仍然在大梦想上煞费苦心，我们仍旧妄想着能够做成某件大事，却对那些最小的事情置若罔闻，因为我们不觉得小事有什么太大的价值，我们不认为细节上的改进可以提升整体的实力。但是有一个现实却是不容忽视的，那就是多数成功实际上都来源于对细节的把握和思考。

哈佛大学的凯恩斯教授曾经对数百位成功人士进行访问，发现多数人都具有细心的特质，从一进入房间开始，他们就已经观察了一切，而他们对于自身细节处的把握也很到位。而当谈论到成功的时候，他们并非大谈特谈自己所做过的那些大事，恰恰相反，他们更喜欢和你唠叨一些琐碎的细节，这是一种非常好的思维习惯和生活习惯，而正是这种习惯导致了他们比其他人要更加成功一些。

当很多人在研究和观测得克萨斯州的飓风的时候，科学家洛伦茨迷上了巴西蝴蝶挥动着翅膀，很快他就把握住了这个细节，然后将它和得克萨斯州的飓风联系在一起，结果他由此提出了著名的蝴蝶效应。事实上每一年观察巴西蝴蝶的人数不胜数，可惜的是没有人会注意到这些细节，没有人注意到它与飓风之间的微妙联系。成功者只有一个，就是能够把握细节的人。

很不幸的是，我们在乎的是大事情、大方向、大理想以及一些技巧性的东西，但是对于那些最细微的东西却很少愿意去把握。即便是漫画，美国人追求的也是绝对的力量，因为我们相信庞大的力量决定了一切，所以我们的漫画英雄总是莽撞的、自信的，觉得自己根本不需要注重什么细节，但事实上正因为对小问题上的疏忽，导致他们常常暴露出自己的缺陷和不足。

很显然每个人都想着做成大事，从我们参加面试开始，我们就习惯性地讨论某些大事——我将会为公司创造多少收益，我将会完成什么样的重大工作，我会告诉老板自己是一个足以担当重任的人。好吧，也许你非常能干，但远远称不上优秀，因为你从来不曾提及你自己做了多少小事情，你是否关注过这些小问题。事实上你不够重视细节，因此你所构建的那些空中楼阁实际上缺乏一个坚实的基础，这个基础就是细节。你可以想象一下，当你自认为通晓机器运行的一切原理时，却常常忽略拧紧一颗螺丝钉，这样的情景绝对不是老板们乐于见到的。

这是典型的美国式思维，也是一种粗放思维，我们不习惯于深究太多问题，只希望自己能够把握一个大概的脉络，至于细枝末节并不在考虑范围之内。很多时候，这种做法使我们丧失了更多的机会，毕竟机遇或者灵感都是隐藏在细微处的，它们不会堂而皇之、大摇大摆地在最明显的地方出现，谁更加细心一些，谁就更能够寻找和把握住机会。而当你将每一件小事、每一个小细节都做好了，那么成功自然也就不远了。

我们也应该了解一个事实，那就是任何一个成功的人，不是因为他的构思多么巧妙，而是因为他在执行的过程中没有出现任何纰漏，所以我们循着细节去走，一定能够走向成功。爱迪生发明了电灯，关键不在于他对于电灯原理的理解，说实话在那个年代，精通电灯原理的人绝对不下 100 人，但是爱迪生是唯一一个成功发明电灯的人，就因为他抓住了细节，他细心且耐心地考量了从灯泡到灯丝的材料，经过了数千次的实验，才做成了灯泡。如果仅仅是一个理论大师，那么爱迪生“发明大王”的称号将就此除去。

实践或者说是执行力最终决定了我们所能达到的高度，而执行的关键就在于你对于细节的把握。一个注重细节的人，他的执行能力绝对是一流的，因为他不会轻易浪费一个机会，也不会轻易遗漏任何一个失误。这样一来，成功就相对更容易一些，我们实践梦想的机会也会更大一些。严格说来，细节就是一种态度，而且是一种成功的态度，不注重细节的人往往难以获得成功，因为他会失去成功的敏锐性，他对机会的把握、对于失误和风险的预知能力会相对减弱。

哈佛大学有一句名言：“错失细节的人，同时也解构了自己的成功。”校长艾略特曾经教导学生：“你们应当记住，你们所有伟大的梦想终有一天会成为现实，但是这梦想不是根植于你们的智慧之中，而是根植于你们每一天所经历的每一件事，根植于每一件事的细节，因此你们要做的就是全心全意做好这些事情。”这些话同样适用于年轻人，因为我们同样需要注重细节，我们同样需要将梦想寄托在所有的生活细节当中，当我们摆好了这些小石头，那么大石头自然就安安稳稳地立起来了。

细节就是工作方式的精细化

把工作细分之后，每一个细节就得到了严格的控制。

——哈佛法则

自从泰勒提出了现代管理的理论之后，工作分工已经越来越精细，越来越明确，我们对于精细化的要求也越来越高。因为随着全球化经济的发展，我们对于其他合作者的依赖会越来越高，相互之间的合作会越来越紧密，这就导致了我们会寻求最优的生产方式和合作模式，我们千方百计地将资源配置和技术配置做到最优局面。

美国的经济学家凯迪认为现如今的社会就是一个细节社会，越是注重精细化的企业，他们的生产效率往往越高，产品质量越好，竞争力也就越强大。最明显的就是苹果公司，乔布斯本人就是一个细节狂，他容不得自己的产品有一丝的瑕疵，所以他会将工作尽量细化，直到最小的单位，这样才能有效保障产品不会出现太大的问题。

这是一种趋势，也是一种进步，无论是对企业还是个人来说，都是一种自我提升的方法，也是自我改正和完善的一种重要方式。这迫使我们需要更加专注、更加负责，因为粗放型的思维方式和工作方法只会让我们失去竞争力。

哈佛大学曾经只有几门大课程，但是随着教育的发展，他们意识到这种大而粗的教育模式难以满足学科的精细化分类，所以最后主动求变，慢慢分化出越来越多的科类，到现在哈佛大学成为世界上学科最丰富的大学之一。哈佛大学的校长昆西曾经说过：“当我们将教育的改革推向细化时，我们对于真理的了解将会更加丰富。”

在学习方面，哈佛的学生通常也会采取细分法，尽量将知识划分成小节，这种学习方法有助于避免那些不够重要的知识点被忽略，从而减少知识的盲区，同时也能够帮助学生更好地消化知识点，确保更有效地掌握知识。管理学教授达蒙斯最常用的方法就是将企业管理的课程细分为员工管理、机器管理、生产管理、营销管理、库存管理、服务管理等多个方面，然后各个方面再次进行细分，最后直到各个工作任务的细节管理。虽然这种细分法会带来一定的麻烦，但是学生的学习效率反而有所提升。

乔纳德是哈佛大学的毕业生，他在 IBM 公司工作 5 年之后，决定自己创业，于是他和朋友在南加州开了一家小型的电子加工厂。正因为电子产品注重准确性和精度，所以乔纳德一直以来都强烈要求自己的员工认真对待工作。为此他推行了一套很特别的工作模式，那就是三分法，将任何一个工作细分成 3 个部分，哪怕是一个螺丝工，也会承担检查测试螺丝、安装螺丝、事后维修螺丝这三部分工作。正因为这样，乔纳德公司里的产品质量始终是最出色的，包括三星、苹果和 IBM 公司这样的巨头也愿意与之合作。

精细化并不是为了单纯地多做一些事情，而是尽量将细节性的东西展示出来，就像生产手机的厂家一样，任何一个伟大的公司都不可能单独完成一个伟大的手机，因为你不可能具备所有的生产加工技术，而且能够确保这些技术都是一流的，你无法保证在现有的资金和技术范围内，能够将每一个部件都做到完美。最成功的方式就是细化手机，将其拆解为每一个部件，然后将每一个部件的生产和加工任务派分到那些技术最成熟的公司或者部门，这样就可以最大化地提高手机的生产效率和生产质量。

我们在面对生活和工作的时候，也需要采用这种更为科学合理的方式，要懂得将工作细分，而不是像刻模子一样重复着做事，每一次的划分都意味着我们需要更加专注于那些细微的东西，我们需要去接触那些容易被忽视的地方，这样一来，我们反而能够做好这件事，也能够从整体上把握和控制这件事。

这实际上是有助于我们更好解决问题的一种方式，当然大部分人因为它烦琐，觉得不值得去做而选择放弃，大部分人喜欢速战速决，喜欢追求速度。将一件工作一次性做完是每个人都梦寐以求的事情，如果一层层地划分开来，这显然会很费力。不得不说，要求精细化的人通常都很让人讨厌，尤其是那些领导者，他们通常都和严苛挂钩，但是我们不应该忽略这样一个事实，你越是把工作分得细，就越是会受到重用。尽管你不想为这样的人工作，但这样的人能够带给你成功的机会。

我们需要端正自己的态度，需要从更细微的地方来解构工作和生活，只有当你认认真真、仔仔细细地了解自己的生活内容时，才能够想办法把握好生活的每一个方面。有一天我们需要做到这样的程度，将自己所要做的事情进行分类，然后列成一个单子，并且按照单子上的每一个要求去完成。

事实上，成功不是一个捆绑式的东西，我们平时所说的成功，只是某一个大的概念，但是细分之下，就能够发现成功实际上携带诸多细微的因素。就像车子一样，一辆成功的车子，包括先进的发动机和引擎，包括出色的外形设计，包括耐磨的轮子，也包括各种各样优质的零部件，只有这些零部件都很优质，整辆车子才会有所突破。因此在制造车子的时候，并不是按部就班地模仿别的车子的工艺，而是要懂得拆解车子，然后认真研发每一个零件，最后进行组装测试，这就是精细化的生产模式，可以说车子的成功是零部件和细节的整体成功。

年轻人需要更加明确成功的模式，需要了解和掌握精细化的生活方式，如果你将成功当成某一件事去完成，那么自然难以获得什么成就；如果你愿意将其当成某一些事来对待，那么实际上就可以更快获得突破。

第十三章

法则 13：

坚持——哈佛人有足够的耐心等待成功

哈佛大学是一个高尖端人才聚集的地方，但是学校最重视的并非是学生的个人能力或者是智商，而是一种态度，一种坚持到底的学习态度，学校认为这才是人生最需要的一种特质，因为越善于坚持且能够坚持到底的人，往往离成功越近。在哈佛大学中，每个人都必须明白一点：成功的到来不是因为你的智慧具有多大的吸引力和魅力，而是你耐心等待的结果。

不怕失败，就怕放弃

放弃比失败所带来的伤害更甚。

——哈佛法则

当命运之神给我们稍微制造一些麻烦的时候，我们中的部分人只会对它说："我再也不想干了，这件事没有任何指望了。"这是怯懦者的行径。我们在退缩、在恐惧，并且常常感到无能为力，我们不仅缺乏自信和毅力，还在计较失败是否还可以对自己更加仁慈一些。老实说，我们轻而易举就在失败面前表现出恐惧和屈服的薄弱意志，这不足以使我们走得更远，我们也没有任何理由可以做到更多。

你害怕失败吗？是的，没有人不害怕面对失败，没有人能够若无其事地承受失败的打击，真正对失败置若罔闻的人并不存在，无论你多么善于掩饰，你的悲观失落表情还是会表现出来。我们相信这一点是源自人性最真实的反应，除非你是铁石心肠的莽汉或者没有什么头脑的笨蛋。但是恐惧并不意味着我们就要放弃，害怕并不意味着我们要轻易去屈服，我们在与生活常态做斗争时，表现出来的懦弱的确是对生活不负责任的一种体现。

当我们开始放弃的时候，只能说自己的恐惧已经远远超过了失败所带来的挫败感以及巨大伤害。很多人总是偏执地认定挫折和失败就是无能的象征，这是一种自我恐吓和摧残，事实上你也不能肯定自己就一定做不好这件事。我们对自己所持的怀疑和不信任态度的确让人感到惋惜，因为我们轻易就否定了自己，或者说我们害怕再次面对失败。

有关失败，我们没有必要再多加赘述。但是，现实的情况是，我们依然没有办法真正克服挫折，没有办法认真对待失败。从伟大人物传记和成功学说教的只言片语中，我们所受的教诲尚不足以抵抗对于现实生活所怀有的恐惧，我们仍然坚信自己所生活的世界还无法满足自己的需求，一旦失败，我们的内心就备受打击。

但我们完全可以看一看身边的人，我们的同事、我们的朋友或者是亲人，看看他们是如何面对和处理那些不顺心的事情的，而没有必要非得从那些伟人或者成功者身上寻找借鉴的价值。当他们在失败中坚持下去的时候，你会发现他们所能达到的高度一定比失败之前更高，他们所获得的成功也要更多一些；可是当他们感到失落并因此放弃的时候，你会发现这些人通常都是一事无成的。

在哈佛大学中，这种经验是无须赘述的，哈佛的成长就是依赖于这种不服输的精神。当初，大家兴致勃勃地想要将哈佛打造成剑桥大学那样的名校，当然一开始并不如愿，仅仅招收到 4 个学员成为笑柄。当一个学校仅仅有 4 个学员的时候，那的确很糟糕，你可以想见当时它承受了多少的非议和压力，但是好在支持者们没有就此放弃，否则世界上会少了一个顶级的学校。

可以说哈佛从建校开始就已经具备了这种坚持到底的基因，哈佛的字典里可以允许出现“失败”这两个字，但是绝对不可能存在屈服和放弃。到了今天，我们有理由相信哈佛人是打不倒的，哈佛也是不会被击垮的。

沙哈尔是哈佛大学最受欢迎的导师之一，当然和其他导师喜欢大谈成功学，喜欢描述哈佛的正面形象的方式不同，沙哈尔是一个彻头彻尾的失败讲述者，他对于失败似乎更为迷恋，原因很简单，因为他认为没有人会拒绝成功，但是很少有人能够接受失败。因为失败而放弃的人绝对不在少数，而这显然违背了生活的本质。所以沙哈尔多年来一直同他的学员讲述失败的案例，讲述自己失败的案例，他所要表述的中心永远只有一点，那就是：不放弃就是处理失败最好的方法。

作为正统的哈佛人，沙哈尔是真正了解哈佛精神和法则的，他曾经四处演讲，而且演讲内容都千篇一律，但是这丝毫不能阻挡学生们的热情和兴趣。沙哈尔认为这是一件好事，只有越来越多的人了解生活的真相，了解失败到底是怎么一回事，他们才会坚持保留“相信生活并为之继续努力”的想法。

坚持，这是毋庸置疑的一种品性。我们为什么要有自信，为什么要坚持？因为我们不是一个服从者，不是命运的服从者，我们需要去反抗，需要去坚持自己的理想。面对失败的时候，你要丢掉的是眼泪，是无端的恐惧，是失败的习惯。我们应当对未来抱有希望，这一点是构建生活的基础，一旦我们对这个基础抱有坚定不移的态度，不去恐惧，不去放弃，不去屈服，我们就可以成为生活的主宰者。

这个世界是为我们每一个人而存在的，而你却轻易放弃了享受这份权利，这是非常可惜的。如果我们因为害怕失败而谨小慎微地生活，如果我们在失败面前果断地放弃和屈服，那么成功将离我们越来越远。这样的生活原本就是一种失败，因为当一个人的信念被彻底摧毁后，成功就毫无希望了。可以说，失败就是恐惧和懦弱者的习惯，而这样的生活原本就不值得去过。生活对于我们唯一的启示就是，失败是不可避免的，我们有理由谦虚而卑微地接受生活的考验，但是与此同时，我们更要怀抱希望和信心，我们应当坚信未来还在自己的手中，并要为之付出不懈的努力。

尤其是当我们年轻的时候，更有底气去抵抗失败，更有勇气去承受失败带来的巨大冲击。年轻没有什么不可能，我们要做的就是坚持、坚持、再坚持。年轻是没有任何理由去恐惧失败的，我们真正应该感到害怕的是放弃了对未来的幻想，放弃了继续探索人生，因为放弃意味着一无所有。

凡是成功的人都曾遇到过天大的挫折

一个成功者，他一生绝大多数时间都在经受失败的困扰。

——哈佛法则

“如果你是一个成功者，那么首先你是一个饱尝失败的人。”这话听起来似乎很矛盾，但却是一句至理名言。尽管我们多数人都可能没有意识到这一点，或者说仅仅是从书本的那些干瘪理论中机械性地记住了这一点，但失败的确和成功联系密切，在很多情况下，失败甚至比成功更具有价值。

通过失败的经历，能够衡量一个人的价值和度量，无论你是美国人、中国人、俄罗斯人、英国人还是非洲拉美的兄弟姐妹，失败所能验证的事实真相实际上大大超出了它本身所具有的特性。无论是庸人还是天才，都能够从失败的反应中反映出来，失败有时候比成功更能说明问题，可以说正是失败和挫折的存在，区分了成功人士和庸人。

从那些伟大人物的人生轨迹当中，我们可以看出一个非常明显的标记，那就是失败，几乎每一个成功人士都经历过重大的人生挫折，他们对于失败和痛苦的领悟都要比常人更加强烈一些。当奥林匹斯山的众神对宙斯的地位提出质疑时，这位众神之神自信地说："谁承受了世界上最大的痛苦，谁就成为最强大的人。"事实就是如此，那些最顽强最强大的人物，通常也是最大的挫败者，生活在给予他们伤痛和苦难的时候，也留给了他们克服伤痛和改变生活的能力。

多数时候，失败比成功更能说明问题，因为成功还可能具有一定的偶然性，但是失败却总是能够真实地反映出问题，它的出现往往是必然的。正因为如此，失败总是能够迫使我们反省自身的行动，总是能够催促我们成长，失败往往就像是一个警示器，用来界定我们的行为，用来纠正我们的错误。这一点对于那些渴望成功的人尤为重要，可以说正是由于失败的存在，才造就了伟大和成功，这是真实生活的一部分。

古往今来，有太多出色的人才，他们的成功，他们所建立起的不世功业，实际上都是建立在失败的基础上的。通常，我们都被成功的光环迷惑了，我们误以为成功是一种美好的享受，但是成功背后的失败和痛苦折磨却是不可忽视的。当你觉得成功是唾手可得的时候，实际上离成功尚远。

我们可以大胆猜测，但凡那些成功者，实际上都经历过巨大的挫折和失败，这一点是用不着去怀疑的。

在多如牛毛的成功者当中，我们对于他们的失败经历也应当如数家珍。贝多芬遭受了不幸的童年，受过失恋的打击，同时又被疾病所困扰，但是他却奏响了最富生命力的乐章，没有人能够怀疑他的伟大。林肯总统一生都在遭受挫折和失败，但是他最终还是成为美国历史上最著名的总统之一。还有那位击败了拿破仑的威灵顿将军，一生中绝大部分时间都在吃败仗。

今天，我们在这里所谈论的伟人或者成功者的失败经历，并非是一种传说或者不切实际的故事，而是真实发生的事情，这些失败和伟大甚至天差地别，你没有办法去想象那些风光人物所经历的不堪往事。但若是从成功之处寻根索源，就可以发现一些端倪，那就是失败，可以说正是失败促成了非凡的功业，正是失败和挫折铸就了他们的伟大。

2005年，哈佛大学的潘恩教授带领他的团队对全世界最成功的数百位政商界人士进行采访和研究，结果发现每一个成功者平均经受了3.7次重大的失败和人生危机，而至于那些小挫折更是数不胜数。潘恩教授还发现了一个定律：成就越大的人，所经历的失败往往越多，而且失败的程度也越大。这绝对不是一个巧合，而是一种社会现象，这种现象在多数时候适用于我们每一个人。

当然，多数情况下，对于我们来说，成功才是真正值得关心的事情，而成功之前的那些事并不值得深究和推敲。我们永远都在寻找一个结果，但是对造成这一结果的原因却知之甚少，也许我们惯于从老人那里听到一些只言片语，但事实上我们并没有给予足够的重视。对于未来的生活趋之若鹜，使我们忽略了成功路上的风险和失败，可是这些失败和风险并不是才华可以抵消的，没有人可以避免，而成功者更是没有办法避免和拒绝。这些失败也不是一笔就可以轻松带过的，只有当你亲身经历之后，才会明白其中的痛楚，而坚持承受这份痛楚，恰恰是你走向成功的一个过程。

但是究竟能够有多少人可以从困难和失败中坚挺过去，这是值得思考的，每个人都可能获得成功，但成功者却寥寥无几，这也是一个定律。尤其是那些伟大人物，更是少之又少，这并非证明了多数人没有能力去达到成功，而是多数人没有办法承受失败带来的沉重打击。可以说失败摧毁了一切，包括我们的信念和决心，而那些能够抵抗挫折的人最终形成了强大的生命力，他们往往能够坚持到成功的那一天。

今天，年轻的一辈当中并不乏能力出众的人，但是对于生活的浅尝辄止阻碍了他们迈向成功，因为他们害怕面对失败，他们缺乏足够的承受能力，他们对于失败的恐惧远远超出了对成功的渴望，或者说他们并没有意识到生活的艰险和无奈，一旦遭遇挫折，他们的信心很快被瓦解。我们还需要更加强大的自信和承受能力，需要更为强大的意志力，我们需要更加淡定地面对困难，要知道当挫折越大的时候，我们收获的成功也许也会更大。

那些折磨你的人其实是成就你的人

那些伤害你越深的人对你的成长越有裨益。

——哈佛法则

当恺撒大帝登基称帝时，信心满满地对心腹说："谁是你最大的敌人，谁就能够成就你的功绩。"千百年之后，这句话已经成为成功者的座右铭。我们在成功的路上，不免要追问自己：谁才是我最大的敌人？谁才是带给我最多困扰的恶人？谁才会在我生命中扮演阻击者的角色？

当然，多数人仍然采用简单的二分法，粗暴而感性地区分好人和坏人，和自己在一起的就是朋友，是好人，对我们的成长有益；和我们作对的人就是坏人，会影响我们的发展。无论如何，我们愿意相信这样一件事：我们的对手和敌人总是在制造麻烦。所以你在厌恶他们，你在排斥和抹黑他们，你想尽办法来击打对手，并且希望能够征服他们。但是，你要知道，任何一个成功者，首先要懂得尊重自己的敌人，哪怕对方很弱小，你也不能忽视他的能量和价值。事实上，我们常常会感情用事，只要是敌人，我们就坚定地认为对方一无是处，就会想尽办法除掉对方。我们当然不希望自己有什么对手，不希望自己与任何人竞争，但问题刚好出在这里，当一个人失去竞争对手的时候，他离毁灭往往也就不远了，至少他无法获得成功。

在仇视和排斥敌人的时候，在尽量躲避那些伤害自己的人的同时，我们更需要重新梳理一下生活，需要改进我们对于人生的看法。事实上，我们需要敌人，需要一个善于针对自己、攻击自己、迫害自己、折磨自己的对手，而且这个对手必须要具备一定的实力，当对方处处压迫我们时，我们才有机会获得足够的动力去成长和壮大。

"二战"中那些伟大的将领，他们的功成名就完全受惠于敌人，这并非历史犯下的一个小失误，而是生存法则的一部分。在自然世界中，这种法则无处不在，羚羊之所以善跑，就是因为它的对手是同样善跑的猎豹。当你的敌人越来越强大时，为了自保，你也需要不断进化和提升自己。换句话说，带给你痛苦的东西往往也正是促进你成长的东西。

哈佛大学之所以越来越强大，而且一度成为世界上最好的学校，不仅仅在于哈佛自身的发展，同时也在于其他学校、其他竞争对手的打压和攻击。作为竞争社会的一部分，哈佛总是保持着警惕性，因为它希望能够在竞争中生存下来。事实上，从300多年以前开始，哈佛就受到了各种外来压力的打击，但是300多年之后，哈佛依然傲然矗立，并且越来越好。在这期间，哈佛直接的竞争对手就是耶鲁大学和斯坦福大学，这两个同样身为常春藤联盟成员的名校，无论是师资力量、办学水平、招生方式还是名望，都不逊色于哈佛，因此它们极大地冲击了哈佛的生存空间。

作为同一级别的名校，这几个学校之间常常明争暗斗，但对于双方来说，对于所有的学子来说，这并非什么坏事。哈佛大学的校长萨默斯曾经对媒体说："很高兴哈佛又得到了名校排比的第一名，当然这主要归功于第二名、第三名以及其他觊觎者的努力。"这话听起来像是讽刺，事实上，萨默斯也的确借着这句话好好奚落了他的竞争对手们。但萨默斯也在这句话中传达了一个很重要的讯息，那就是哈佛的成功是离不开老对手们的纠缠和攻击的，很显然萨默斯并没有因为哈佛遭人嫉妒和攻击而显得过于生气，与此相反，他认为一个学校想要永远都保持活力，想要永远都能够生存下去，就需要参与到竞争游戏之中。

哈佛人不仅欢迎外来竞争者的干扰，同时也提倡内部的竞争和争夺，因为谁都明白如果你想要在哈佛大学中生存下去，就需要和其他的天才学子进行互动，需要替自己寻找更多的压力和动力。达科曾经是哈佛大学的差等生，由于学习成绩并不那么理想，达科常常受到老师们的“排斥”，尤其是导师奥沙利文先生，他总是想办法奚落达科，每当达科考试不理想的时候，奥沙利文会口没遮拦地讽刺：“亲爱的达科，看来这最后一名非你莫属了，我觉得你最好什么也别做，就那样趴在桌子上睡觉是最好的选择。”

可以想见，达科对这位粗鲁的奥沙利文先生一定是恨之入骨的，他甚至想过要逃避奥沙利文先生的课，不过为了报复奥沙利文，他决定留在课堂上，而且争取考出最好的成绩，这样就可以尽情地奚落奥沙利文了。数年之后，达科顺利毕业，而且还获得了不错的成绩，当然，这个时候奥沙利文因病退休，不过达科倒是希望奥沙利文先生在场，这样他就可以当面指出老头子当初是多么愚蠢。

可是就在他上台领走毕业证的时候，一个老师将一封信交到他手里，达科打开信封才知道信是奥沙利文先生写的，上面只有短短的几句话：“孩子，很高兴你毕了业，但是我已经无力去奚落你了，未来的你需要找到一个更强大的死敌。”达科这才意识到奥沙利文的一片苦心，忍不住热泪盈眶。后来达科始终记着老师的话，开始尊重自己的对手，因为他明白自己真正需要的是一个打击和压迫自己的人。

挫折和伤害都是一种成长，我们没有必要排斥和拒绝敌人，因为如果没有一个强大的对手来时时折磨和敲打我们的话，我们将变得更加弱不禁风。我们要改变自己的错误观念，要重新来定位敌人、对手的价值，当别人想办法来攻击你时，你需要保持镇定，需要保持宽容，需要给予其最基本的敬意和谢意，因为你的成功有一半源自伤害你的人。

失败后，勇敢站起来，这次就能成功

克服失败的唯一方法就是想办法重新挑战困难。

——哈佛法则

1914 年，爱迪生正在发明留声机，可是一场突如其来的大火摧毁了爱迪生的实验室，爱迪生所有的心血付之一炬，他的助手很沮丧地坐在地上喃喃自语："那么接下来我们该怎么办？"爱迪生非常平静地说："把这些脏东西收拾干净，然后重新开始。"结果在大火发生 3 个月后，爱迪生发明了他的第一部留声机。

面对失败，最好的解决方法是什么呢？放弃、退缩、恐惧、自怨自艾，还是继续沉浸在悲伤之中？数学家高斯说："没有任何一个挫折是值得我们为之浪费时间哭泣的，也没有任何一次失败值得我们为之陪葬。"失败并没有什么，当我们经历之后，最好的方式就是尽快遗忘它然后继续上路，这同我们小时候所经历的事情并没有什么不同，一旦跌倒，你唯一能做的就是立刻站起来，就是这样。

当然，并不是每个人都能够站起来，在失败中一蹶不振的人大有人在。经历失败打击之后，对于成功的信念必定会大打折扣，这是人之常情，我们不可能对失败的真相视若无睹，但是真的勇者并不害怕失败，反而会在失败之后更加坚定自己的想法，更加坚持自己的理想和目标，因为每失败一次，他就更接近成功一步。

失败其实是缺陷和问题的一次表现，所以每次失败，我们就能从中发现一些问题。真正强大的人懂得把握失败，懂得立刻从失败中站立起来，因为他需要寻找和解决新问题，因为他已经掌握了更多接近成功的方法。

哈佛大学的拉图姆是一个固执的人，他曾经连续20年都在研究暗物质，但是由于现有的技术手段难以发现和证实暗物质的存在，拉图姆不得不努力尝试各种新的方法，当然每次都是以失败告终，但是每次失败之后，他总是满脸微笑，就像了却了一桩心事一样。他的女儿非常好奇，于是就问他为什么失败了还要笑，拉图姆回答说："很高兴我又排除了一种错误的研究方法。"

在这里，拉图姆将失败当成一种窥视成功的方法，正因为这样，他才有足够的信心来继续自己的研究。我们要有坚定的意志和强大乐观的人生态度，这也是我们对于失败所能做到的最大补救，而一旦我们感到恐惧，那么生活中令人望而却步的东西一定会越来越多，我们将蛰伏于一时的失败之中，再也不敢前进。

生活中真正可怕的就是自助能力的丧失，那样我们额外的乐观情绪都被失败占据，被它彻底摧毁，与此同时我们不愿意再去冒险，不愿意再为自己的理想付出半点儿激情。哀莫大于心死，一个被失败彻底摧毁的人，是没有办法去获得成功的。反过来说，你想要成为成功人士，就不要去过多地描述你对于成功的渴望，而要看清楚自己是否有足够强大的内心来承受失败，你是否愿意以失败者的名义继续上路。

成功需要一种韧性，你没有办法保证自己不会跌倒，但是却有足够的勇气来保证自己在跌倒的地方站起来。在好莱坞，每年有几千个底层电影演员，他们在等待机会，尽管在一次次的面试中被淘汰，但是他们依然坚守在那里，就像史泰龙一样，一连被拒绝1850次，但是他们仍旧会执着地等待着第 1851 次机会的到来。是的，他们总是在跌倒的地方爬起来继续前进，因为谁也无法预料到好运是否会在短时间内到来。

“人尽可以被毁灭，但是却不能被打败。”海明威的这句话一直都在激励着一代又一代的人，不过又有多少人真正践行了这句话呢？“不应该轻易就被困难吓倒”，“不能轻易就在失败面前望而却步”，这些空洞的口号似乎并没有让我们忘却失败带来的伤痛。有人问哥伦布为什么会成为最成功的航海家，哥伦布打趣说：“1000 个人准备参与航海，但是遭遇到困境后，有 500 人立即打道回府，有 400 人在困境中丧失信念，最后死在了海上，还有 99 个人尚未出发就已经害怕，只有我一个人硬着头皮冲到了最后。”

事实上，失败应该让人变得更加勇敢，而非胆怯，只有勇敢才能让我们继续坚持下去，永远都不屈服，永远都不轻易放弃。我们了解了太多关于成功者的经验，我们从这些成功经验中获得了相应的生存技巧和态度，但是生活并没有给予我们太多实际的教导，因为我们对于失败的领悟还不够深入，我们还不够真切地体味到失败到底意味着什么，正因为如此，我们轻易就对失败举手投降，但事实上，我们需要做的是克服它，是站在更高层次的位置来睥睨失败。

如果你还年轻，那么恭喜你，因为你还有足够的资本去失败，你能够承受得起失败的打击。年轻人需要更加勇敢一些，当失败一次次纠缠自己的时候，你应该保持热情和动力，需要拿出“重新开始”的气魄，因为生活一直都在提醒我们：当你不幸被一道门槛绊倒时，最好的方法就是想办法重新跨过这道门槛。

方法总比问题多，不要问题多就放弃

不要去害怕面对问题，如果你足够有耐性，那么就能够从生活中寻找到更多的解决方案。

——哈佛法则

今天，我们中的多数人仍然是喋喋不休的抱怨者，当工作出现问题之后，我们习惯于抱怨，习惯于坐以待毙。当生活遭遇困境的时候，我们习惯于表现出“无能为力”的姿态，我们总是认为自己的人生一团糟糕，不是这里有问题，就是那里麻烦不断，这种悲观失望的情绪很容易蔓延开来，以至于我们觉得自己一无是处、糟糕透顶，是一个很典型的倒霉鬼。

很显然，我们的自我认知有失偏颇，我们的生活也许真的是麻烦不断，但这些问题并不是不可解决的，可以说绝大多数的问题都是可以想办法顺利解决掉的，不过当麻烦事挤在一块儿，或者麻烦事比较大的时候，我们的自信心就会丧失。就像扫地一样，当我们看到地上到处都是灰尘和垃圾的时候，会认为自己无论如何也无法把房间打扫干净的，可是如果我们愿意鼓起勇气尝试一下，那么慢慢地就会发现自己是有能力扫清所有障碍的，只不过一开始的时候我们被问题吓住了。

多数时候，我们聚焦于自己的麻烦事上，却不曾想过别人是如何应对这些问题，并逐一解决的。我们尚且缺少一种更为直观的体验，这种体验来源于我们对于生活的考察。在问题出现的时候，就习惯性地放弃，这绝非什么明智的选择，事实上我们是有能力解决问题的，但是在高达 30% 的问题面前，我们轻易就放弃了，“我做不到”，“这是不可能完成的”，“谁还能解决这样的问题呢”，诸如此类的主观猜想毁掉了一切。

今天我们对各种各样的问题感到恐惧和束手无策，一遇到困难就想着放弃，但当艾柯卡就任克莱斯勒总裁的时候，所遇到的问题绝对不会少，一个濒临破产的企业，一个组织混乱、管理混乱、人浮于事的企业，所堆积的问题足够让人头疼。事实上，当艾柯卡进入公司的时候，公司甚至拿不出一丁点儿钱来维持正常运转。这也是为什么前几任总裁都拍拍屁股远离这个是非之地的原因。艾柯卡一上台则开始改革，他开除了不必要的员工，开始精简机构。而面对公司最大的问题——钱，艾柯卡想出了一个很好的方法，就是让所有的人主动降薪。当然，为了做好表率，他将自己 36 万美元的年薪降低到象征性的 1 美元，这下没有人对此提出反对意见了，于是大家纷纷降薪，这也让克莱斯勒有了更多的活动资金。结果短短几年，克莱斯勒就从破产边缘成长为全美三大汽车公司之一。

今天在整个美国，也难以找到几个足以与艾柯卡媲美的人物，艾柯卡的成功实际上证明了一个观点：方法永远都要比问题更多一些，只要你善于寻找，只要你永不放弃，那么就能够解决难题。哈佛大学曾经想要请艾柯卡去演讲，最后却遗憾地与之失之交臂，但是对于艾柯卡的能力以及成功经验，哈佛大学还是非常重视和尊重的，并且将其列入教案之中。

哈佛大学的史蒂芬教授曾经这样评价艾柯卡：“他是这个时代中少有的几位和哈佛精神契合度非常高的企业家，热情、坚强，富有远见和毅力，绝对地自信，善于把握细节，而且从来不在困难面前低头，这些品质使得他具备非常独特的个人魅力。”

史蒂芬教授曾经做过一项实验，他让 13 个学生去解决比较棘手的难题，当困难只有一个的时候，学员们的积极性还比较高，尽管困难重重，但还是愿意尝试一下，此时学员中只有一人放弃了这个难题；等到困难和问题增加到 2 个时，已经有 5 个人准备退出；而当难题增加到 4 个以上的时候，已经有 11 个人被弄得焦头烂额，他们放弃的想法非常强烈。史蒂芬由此认为人们很容易在多重问题的干扰下丧失信心，在他们看来，随着问题的增多，麻烦也会越来越大，但事实上，他们没有意识到方法永远要比麻烦更多一些。

西方有句谚语："上帝每制造一个困难，就会同时制造出 3 个解决它的方法。"我们对于问题、难题和麻烦的恐惧根深蒂固，以至于忘记了其实生活并不是一个麻烦制造者，至少不是一个单纯的麻烦制造者，它在制造问题的时候，已经为我们立下了众多解决的方法，当然这些方法需要我们自己去寻找去领悟。可惜的是多数人在面对困难的时候，已经展示出了不耐烦的一面，我们缺乏必要的信心和耐性，我们对于生活、对于自己都不够信任。

这是一个急需解决的问题，也是我们真正该为之担心的问题，对于年轻人而言，更是如此。由于对于生活的体验还不够，年轻人需要拥有更为强大的内心，需要拥有更加坚定的意志力，需要抱有更加积极乐观的生活态度。当你意识到生活能够给你更多解决问题的答案时，你一定会从生活中寻找到成功的技巧。

第十四章

法则 14：

变通——能开锁的不只有钥匙

300 多年来，哈佛依然屹立不倒，而且长时间都引领世界教育的潮流，很重要的一个原因就在于无论遭遇什么情况，无论身处什么时代，哈佛始终能够做到与时俱进，哈佛具有很强的适应能力和变通能力。“变通”是哈佛基因中的活性因子，也是哈佛一直倡导的品性和特质之一，因为在它看来，成功从来都不是刻板的按部就班，只有随着环境的变化而主动求变，才能把握住成功的脉络。

不放弃错误的行动，只会让你失去更多

纵容错误继续下去才是犯下的最大错误。

——哈佛法则

哈佛大学心理学教授奥多姆曾经提出一个很怪异的观点，他认为多数人都是趋向错误的行为和观点的，这个观点曾经引发了激烈的讨论，绝大多数人都在质疑这个观点是否正确，但是不可否认的是奥多姆发现了人性中的某些缺陷。事实上我们绝大部分时间都在犯错，而为了掩饰自己的错误，我们会任由错误继续下去，到了今天，这种让人感到不可思议的事情仍然在发生。当我们在质疑和感到可笑的时候，却不曾想过很多时候自己也在做这样的蠢事。

比如当一个领导发现自己做出某个错误的决策之后，他并不会当众反悔，或者否决自己的观点，反而会静观其变，等待最佳的时机来转移错误和风险，或者寻找新的借口来掩饰这些错误。小孩子通常也会这样做，当他们想要吃榴梿，而父母则建议他们吃苹果的时候，他们愿意为父母的意见做一些新的尝试，可是当他们感觉到榴梿明显不合胃口时，反而会想办

法隐藏自己的尴尬，甚至会想办法赞美一下榴梿的味道。

正因为如此，奥多姆才会认为多数人都没有勇气或者不愿意费脑子来证明自己是错误的，无论如何他们会坚持自己的选择，而且是毫无道理地坚持。无论奥多姆的观点是否真的能够站稳脚跟，它已经对人性有了一定的剖析，这些观点尽管听起来有些偏激，有以偏概全的倾向，但大量的事实证明这并非荒唐的。

通常情况下，我们将名声、自尊心看得比什么都重，以至于我们不愿意为一个错误而抹黑自己，我们听命于内心自私而胆怯的意识，却罔顾事实真相，我们听命于自己的独裁和顽固，却不愿意听从他人的劝告。你当然可以信口雌黄，可以自信满满，表现得无所畏惧，但从本质来说，你只是一个自私的胆小鬼，你担心别人会否定你的价值，担心自己会在错误中被人非议，所以你宁可将错就错。我们往往还过度放纵自己的贪欲，明知有错而不改初衷。因为我们觉得自己会在错误中收获更大的利益，但实际上往往适得其反。

所有固执的人都能够英雄所见略同：我们无比愚蠢地忠诚于自己，哪怕是错误，我们也在积极维护，因为多数人都认为承认错误比犯错更加让人不安。所以，当火烧屁股的时候，我们还在使用扇子煽风点火，我们迫切需要那种足以使人飘飘然的自我造势运动。这并非是不可理喻的个案现象，而是一种大众化的自我保护思维，正因为这样，你所见到的多数人往往都固执得可怕，被一时的利益或者自尊所操纵。

今天，我们更加坚定地认为一切的不幸首先源自对自己的否定，所以我们仍旧要忠于自己最初的意志，我们仍旧想方设法为自己代言。这是一个浩大的面子工程，多数人都没有办法去拒绝。但是我们忽略了一件事，遮掩或者强辩并不意味着未曾发生。在错误道路上一意孤行的人，通常都会遭遇失败，这是毋庸置疑的，你没有办法从一个错误的出发点或者错误的方向上获得让人信服的成功，问题依然存在，而且只会越来越严重，一旦激化出来，只会让你更加尴尬、更加受伤，你的自尊心和威严也将受到极大的挑战。

事实上，我们还没有明确地了解错误与失败之间的因果联系，我们甚至都不清楚是什么造成了问题越来越不可控制。这种执拗的性格并非不屈服，并非自信，很多时候只是固执形态下的一种自卑心理，这种心理通常来自于那些比较有声望的人，或者急于表现自己的人。就像我们的祖父或者父亲通常所表现出来的那种毫不讲理的强势一样，他们拒绝承认错误，而且还会继续自己的错误，试图以此来证明自己并没有做错什么，以此来证明你的质疑纯属扯淡。

毫不客气地说，这种人总是让人头疼，他们对于自己的生活也不会负责，而对于错误的放纵和视而不见只会造成更大的失误。因此我们必须防患于未然，必须懂得及时反省自己，并且要善于听从别人的意见，防止自己在错误的道路上越走越远，防止错误扩大和恶化。

人性中的执拗要远远超出我们的想象，尽管你觉得没有人愿意犯错，但是无论是否意识到自己做错了什么，我们的第一反应通常都是“我如果临时改变主意会发生什么”，我们更在意改变可能带来的“自扇耳光效应”。当然很多时候，我们仍然对未来抱有一线希望，我们觉得一旦自己坚持下去，很有可能会出现什么转机，这种观望的保守态度很容易让我们越陷越深，最后造成不可挽回的失败。

无论怎样，我们都难以回避一个事实，那就是沿着错误走下去只能得到一个错误的结果。在苹果地里是永远找不到香蕉的，这是一个再简单不过的道理。所以，我们没有理由强迫自己为自私和虚荣心服务到底，我们没有必要为了一时的面子而甘愿承受严重的后果。当你发现自己的行动是错误的，你要做的不是去掩饰和隐藏什么，而是要主动承认错误，然后及时予以改正，防止错误进一步扩大。

做人要懂得变通，不能明知犯了错还要死板地坚持下去，如果你觉得面子代表了一切，觉得面子是至高无上的，那么你最终将会被卷入到生活的旋涡之中。我们所要遵循的就是一个再简单不过的道理：不要将错误继续下去，无论做什么，这一条都是无法去改变的。

碰壁时要及时掉转车头

当你没有办法一直走下去的时候，最好的方式就是换一个方向重新起步。

——哈佛法则

在哈佛大学的教案中，有一个非常有趣的案例：当一只蚂蚁在墙上快速行进的时候，发现墙面上有很多黏糊糊的胶水，蚂蚁爬到这里时被粘住了，最后才精疲力竭地从墙面上摔下来。第二次，蚂蚁重新往上爬，爬到有胶水的地方时，再次掉下来，接着蚂蚁仍然尝试着第三次、第四次往上爬，每次都无疾而终，每次又都坚持重新开始。

很多人认为蚂蚁具有不气馁的精神，遇到困难毫不气馁，不跨过这道坎儿誓不罢休，但是有的人则认为可怜的蚂蚁只是一个头脑简单的小东西。其实只要换一个方向，蚂蚁就完全可以爬到墙的最高处，但是固执的蚂蚁并不愿意轻易做出改变，所以只能在一次次的失败中浪费时间。

哈佛大学通过这个简单的小故事，向所有的学员发出了一个疑问：当你难以跨越某道鸿沟的时候，是继续尝试还是改变方法和道路呢？而这同时也是对我们的一次考问，我们是如何来处理那些难以处理的问题的，我们对于困难的看法又是如何的，相关的答案直接关乎我们的生活方式和成功。

在心理学家看来，固执几乎是人类的通病，我们总是喜欢按照自己最初的想法行事，而且这种想法并不会轻易被改变，尤其是当我们认定某件事或者某种方法时，我们绝对不会轻易去改变自己的轨道，一条路走到黑成为一种常态。事实上当你发现自己在游戏中总是出错，总是感到难以适应，那么很显然你的玩法出现了很大的问题，但是多数人并不会那么去想，他们仍旧幻想着下一次自己会是赢家。

美国的科学家曾经对早期的矿洞进行深入研究，发现很多矿洞里面根本没有矿物，而且那些地质结构也明显不适合矿物的生成，可是矿洞的深度明显超过了一般的探测深度。因为探测者总是抱着坚定的态度，总认为下一寸下一米的地方就会出现金属矿之类的东西，正是在这种心态的牵引下，他们将矿洞越钻越深，直到彻底心灰意冷。今天人们有了高科技和更多的钻井经验，很少有人再会犯类似的低级错误，但事实上，我们的固执仍旧根深蒂固，处处影响着我们对于生活的体验。

伟大的科学家牛顿在晚年的时候，也陷入到科学难题当中去，面对难以解决的问题，牛顿并没有从旧思维和旧方式中跳出来，而是继续在死胡同中艰难行进，最后牛顿无法可想，进入到神学世界，他相信只有上帝能够帮助他解决问题了。若是牛顿愿意改变一下方法和途径，那么很有可能会继续他的伟大研究。

伟大如牛顿也陷入到固执与自以为是当中，平凡如我们，对于“此路不通”似乎并没有什么很深的概念，相信事在人为，相信坚持就是胜利，这些思维方式导致我们经常错失良机。坚持到底的品质固然难能可贵，而且今天的确缺少那种能够坚持到底也愿意坚持到底的人，多数人都缺乏毅力，但与此同时，我们又太过固执，而坚持并不意味着固执，并不意味着我们要在不可能的事情上继续坚守，在一条你没有办法走下去的路上，最好的办法就是尽早改道而行，这样你才能真正到达目的地。

哈佛大学的埃尔金教授是世界上非常著名的物理学家和天文学家，他曾经在研究黑洞和上帝粒子方面成就显著，不过他在研究黑洞的时候曾经遭遇到巨大的困惑，他努力想要找到证明黑洞存在的方式，但是却找不到多少切实的证据，而他的理论研究也陷入到死角之中，并且沉寂了将近20年。直到有一天，他的小女儿看见他愁眉不展，于是就问他为什么事情而烦心，埃尔金苦笑着说：“爸爸在想一件怎么也想不明白的事情。”女儿于是直接说：“既然想不明白，那为什么不换一种方法呢？”女儿无意中的一句话一下子击中了埃尔金，于是他意识到自己也许可以尝试着从其他角度来证明黑洞的存在。接着，他很快就从过去的旧方法中脱离出来，而且很快找到了新的验证方法。

毫无疑问，思考是我们行动的指南，对于任何一件事，我们要考虑的首先是自己是否值得去做，是否有能力做好这件事，这件事是否可以顺利完成，以及我们该如何更好地去做这件事，我们需要选择最为合适的方法和方向。这些就是思考的意义所在，当然任何思考只不过是提供了一种可能性，而并非是硬性的死规定，因为我们最初的选择和考虑方式很有可能是错误的，我们所选择的道路也可能并不畅通，因此需要做好临时改变的准备。

人生就像科学研究一样，我们需要不断变换研究的方式，以此来达到最佳的效果。对于年轻人来说，这显得非常重要，尽管我们一再认为固执或者不善变通是老年人的通病，但事实上年轻人并没有在这一方面做得更好。由于缺乏足够的社会阅历，年轻人更容易较劲，最终很可能会把事情越搞越糟。

当我们固执地认为一切成就得益于坚持时，我们会对自己所受到的伤害和挫折视而不见，我们容易忽略自己选择时犯下的错误，最终很可能在错误的方式中一次次承受失败，又一次次重新开始。我们如此念念不忘，如此执着在事情的某一个方面，而忽略更多的行动方案，这显然会让我们持续不断地遭受挫折。其实有时候你只要给自己一个善意的提醒：我是不是该换一个角度，换一种方法？我想结果一定会好上很多。

既要坚守原则，又要懂得变通

有时候完完全全地照搬原则办事，那么好事也会变成坏事。

——哈佛法则

哈佛历史上最值得争议的一次开除事件发生在 1764 年，当时有一位名叫约翰的学生非常喜欢看书，于是每天除了上课和休息，基本上都待在图书馆中。不过图书馆有规定，下午5点，图书馆就要关闭大门，所有的人都要离开，这让约翰觉得很苦恼。有一次，他在看《基督教针对魔鬼、世俗与肉欲的战争》这本书，而且非常入迷，可是学校的大钟敲响了，5点了，约翰显得很失望。为了继续看书，他违反了图书馆的规定，私自将书籍偷偷拿了出来。

可是当天晚上图书馆遭遇了不明的大火，结果图书馆内的书籍全部被焚毁，这个时候约翰的内心纠结不已，他不知道自己是否该交出这唯一的孤本，因为他害怕自己受到处罚。经过几天内心激烈的挣扎，他自知犯了错，不能再错下去，于是主动将书本交给了校长霍里厄克。霍里厄克接到这本书后，非常感谢约翰为学校保留了珍贵的遗物，但是他还是做出了开除约翰的决定，原因很简单，因为约翰违反了学校的规定，而且在犯错的时候，没有立即终止自己的错误行为，尽管如今上交了书籍，但是影响非常恶劣，因此约翰失去了继续在哈佛求学的资格。

约翰因为一时的贪欲而毁掉了自己的求学生涯，自然让人觉得得不偿失，但更多的人开始质疑学校的处罚是否太重。事实上，霍里厄克校长并没有做错什么事情，只不过从人情的角度来说，他太过坚守原则，而忽略了变通的细节，结果招致极大的争议，这也使得哈佛一度被推到社会舆论的风口浪尖之上。有人曾经提出一个问题，如果这件事出现在今天，如果新时代的哈佛和新时代的约翰再度碰撞，那么到底是留住约翰还是赶走约翰呢？而在调查中，将近65%的人认为哈佛应该留住一个知错能改且对学校有贡献的约翰。

这当然是一个难题，尤其是对哈佛这样的名校而言，坚持自己的规定很重要，谁也不敢拿这样的事情开玩笑，而且经常变通的话实际上会带来另一个严峻的问题，那就是规定很可能在私欲面前变得不堪一击，我们能够轻而易举毁掉最基本的秩序。不过原则性的东西也应该与时俱进，也要懂得视情况而定，在特定的情况下，需要懂得适当变通，因为原则其实也是为大众服务的，我们不能忽视这一个最基本的出发点。

今天我们更为崇尚自由和民权，我们对于民众的诉求不再置之不理，哪怕是法律，它在很多方面也不得不加入人情因素，对于人的考量也在渐渐加重分量，这无疑是一种进步，毕竟一个死板的依靠原则和规定来运行的国家，是绝对缺乏足够的活力和动力的。我们对于生活的体验和了解，需要抓住一点，那就是任何事情都应该保持弹性，绝对的、压抑的、死板的东西都应该得到柔化处理，任何一项原则都不应该是绝对化的。

1935 年，纽约某个法院对一位偷面包的老妇人进行审判，当时法官对老妇人做出罚款 10 美元的惩罚。但事实上，这个老妇人是为了养活挨饿的小孙子才会做出违法之事，当然冷冰冰的法律和人情并没有给予老人足够的同情。于是在审判结束之后，在一旁旁听的纽约市市长拉瓜迪亚脱下了自己的帽子，往里面放入 10 美元，然后对众人说："现在请每个人交 50 美分的罚金，为我们的冷漠付费，以处罚我们生活在一个要祖母去偷面包来喂养孙子的城市。"同情一个罪犯，这听起来很荒唐，但是拉瓜迪亚却不愿意被那些死板的冰冷的社会规章制度以及律法所束缚住，他觉得法律也需要考虑人情，也需要适当变通，因为法律永远是为大众服务的。

我们当然需要一套更为严谨的规章制度来维持社会的运转，需要坚持自己的原则，以此来明辨是非，以此来处理生活中的大小事务，但是原则并不是完全静止的，它需要保持弹性和活力，一旦失去了弹性，我们的生活就会陷入僵局。这一点在人际交往中显得尤为重要，原则是我们衡量一个人是否正直、是否值得依靠的重要标准，但事实上太讲原则、死守原则的人往往让人感到厌恶，也许这样的人值得你去敬重，但想要喜欢上一个正直得像电线杆一样的人，说实话，这并不容易办到。

原则固然很重要，但是生活需要一些弹性，需要一些空间，这确保了我们可以在进退中保持活力。那些精明的商人、企业家和社交人员，他们并非是没有立场、没有原则的人，只不过他们更善于利月原则来为自己打通人际关系。在处理各种事情的时候，原则是一种武器，但却是一种可以适当伸缩的利器，我们不能将他们定义为善变者，医为实际上他们才是真正的艺术大师，他们对于原则的把握实际上比其他人更好。

在我们年轻的时候，应当养成讲原则的习惯，应当成为一个有原则的人，这是一种自我约束的标准。但是原则并不是唯一的，也不是一种不动产，我们也不能成为原则的盲信者，不能被原则所束缚住，一个讲原则且能够适当超脱原则的人，才是一个真正优秀的人。所以我们要记住，当自己坚守原则的时候，也需要适当地为别人开一下绿灯，否则我们很可能会因为原则而断绝自己的后路。

遇到困难时，力争不如另辟蹊径

解决困难的关键在于方法和技巧，而不是蛮干。

——哈佛法则

你是一个愿意在困难中坚守的人吗？你是一个不愿意轻易放弃原有方

法的人吗？你是否又是一个愿意变通的人？在特定的生活环境中，我们对于生活的把握总是存在类似的疑问，可以说坚持和变通似乎成为一种悖论，但实际情况并非如此。

在遭遇困难的时候，固然需要强大的信念和决心，但是我们不应当只是鲁莽行事的莽汉，我们对于困难的把握不应该停留在抗争到底的层面上。强大的信念或者毅力不应当仅仅依靠力量来支撑，更需要技巧，用心去解决困难，并不意味着我们需要硬着头皮往前冲，我们需要让自己的行动更为高效一些。

当一块大石头横亘在马路上的时候，你使用蛮力固然可以将其推开，但是如果你愿意使用杠杆等工具来搬走它，那么无疑更加高效一些。我们对于生活需要保持更为清醒的头脑，而不是单纯地冲动和匹夫之勇，当你深陷困境的时候，匹夫之勇只会让你身陷泥潭难以自拔。

尤其是对于血气方刚的年轻人来说，他们具有非洲野牛的鲁莽、具有狮子的力量、具备野狗的耐力，但事实上却缺乏一种冷静的分析能力，他们不知道该如何更为高效地行动，尤其是遇到困难的时候，另辟蹊径也许是化解危难最好的方法。这就是一种变通能力，是一种处事技巧，这种技巧有助于我们更好地应对生活的风险，有助于我们获得更大的成功。

哈佛大学心理学家尼米兹认为人的本性中具有征服的欲望，因此无论我们面对什么东西，第一时间想到的往往是力量上的打压和压制，这种征服的欲望越强烈，我们对于力量就越崇拜，我们使用力量的频率也就越高。这也就解释了为什么我们总是喜欢用最简单粗暴的方法来解决问题，为什么我们即便面对难缠的对手，也会出言不逊，也会想办法进行强硬对抗。像犯人一样对抗宙斯，这听起来很好，但是我们没有想过自己其实可以想到一些更好、更安全、更简便的方式来应对困难。

尼米兹认为一个人要善于克制自己的力量和欲望，转而寻求一种更简单、更合理的方式来解决问题，在他看来变通能力实际上比强大的蛮力更为重要，因为善于变通的人总能够寻找到突破口，也总能避重就轻，从而顺利躲避风险。在尼米兹看来，这就像两个出色的球员相互对抗一样，有的人注重身体对抗，喜欢用身体和力量来防守，而有的人更多的是注重橡皮擦式的贴身防守，更注重防守的技巧，因此效果反而更好。

这种情况在战争中同样常见，当我们深陷战火且处于不利局面的时候，最好的办法不是硬碰硬，而是想办法避其锋芒，然后找到更为简单有效的进攻方式来攻击对手的弱点。寻找一种新思路非常有必要，它使得我们能够花费更少的力量和代价来赢得更多的收益，这就是一种生存的艺术，这种艺术的关键就在于一个“变”字。

事实上，解决问题的方法有很多，我们不一定非要选择那种最原始最古板的方法，当力量不能取胜或者难以取胜的时候，我们需要创造新的风格、新的方法，需要使用更多技巧性的方法。这就像那些冒险者在面临困境时的抉择一样，他们所接受的考验非同寻常，所以处理的方法也绝对要慎之又慎。他们会告诫你，一旦在西部大沙漠中遭遇响尾蛇，你所要做的不是去激怒它，不是徒手依靠蛮力来挑战它，而是要采用更为温和、更为保守的方式，甚至于你可以绕开它。

即便是到了今天，我们对于力量的迷信程度依然令人吃惊，总是喜欢迎难而上，因为我们坚定地认为依靠自己的力量是可以解决那些难题的，但事实上，很多情况下，我们对此感到无能为力，我们需要新的方法、新的道路、新的思维模式和行动方案。这并非是我们不愿意相信智慧，而是我们不愿意轻易去改变数千年以来的习惯，我们的第一反应就是力量决定一切，这就使得我们并没有多少兴趣去想一些更为便捷的方法。而这也导致了我们一再地在困难面前遭受挫折，直到意志消磨殆尽。但是无论如何，这是一个讲究效率的时代，这也是一个创新的时代，墨守成规注定了会被社会所淘汰，因此我们需要不断提升自己的能力，需要不断寻求新的突破点。我们足够倔强，但是更要足够灵活。

在美国动画历史上，最伟大的人物莫过于迪士尼，不过当初年轻的迪士尼来到堪萨斯城时，一贫如洗，尽管他一直都希望能够为好莱坞制作漫画，但是他的画作根本得不到别人的认同，每次投出的画作都被他人否决。最后他在废弃的车库里和那些老鼠相依为命地生活了一段时间，并获得了灵感，既然那些卡通人物一直不受欢迎，既然自己没有能力画好卡通人物，那么为什么自己不尝试着画一些可爱的动漫老鼠呢？这个奇怪的想法很快被付诸实践，而此后，迪士尼和他的米老鼠走向了世界舞台。

到了今天，我们无法去猜想迪士尼如果当初能够坚持为好莱坞画那些卡通人物，他是否还能够获得成功，但是至少从现在来看，迪士尼选择了一条正确的道路，他创造了一种新的动漫形象，甚至开拓了迪士尼系列的卡通形象，并使得这些形象成为一个庞大的产业。可以说正是因为迪士尼善于另辟蹊径，善于变通，才获得了新生。

年轻一代的人并不缺乏机会，但是人生道路上的困难也不可忽视，我们如何处理这些困难，如何克服各种各样的问题，我们将采取何种方法，这些直接影响了我们的成功。正因为如此，我们需要更加机智和聪明一些，需要懂得变通，毕竟解决问题的关键不在于热血，不在于我们的冲动和激情，而在于科学的合理的方法。

不要在一棵树上吊死

无论做什么事，永远不要将自己局限在某一个选择上。

——哈佛法则

英国历史上最著名的首相丘吉尔曾经想过成为一名外交家或者数学家，但是他的外文和数学成绩一塌糊涂，父母努力让他往理想这方面靠拢，但他显得很吃力。不过丘吉尔却在政治和写作上表现出了极高的天分，因此他改变了自己的奋斗目标，然后成为20世纪世界上最伟大的政治家之一。

成功的道路不止一条，成功的方法不止一种，条条大路通罗马，此路不通，必定会有第二条、第三条通畅的道路，我们完全可以寻求新的道路，完全可以寻找新的方法，因此我们没有理由非要在某一条道路上执着坚持下去，只要找到更具优势的方法，我们完全可以改其道而行。死守某一种方法，只能让自己陷入困境，一旦这种方法失效，我们就可能走向失败。

保持选择的多样性，以及思维的开放和活跃，这很有必要，我们不能将成功寄希望于某一个点上，这的确很冒险。我相信没有人愿意一下子花几百美元买同一个彩票的号，也没有多少人愿意一辈子只尝试购买某一个号，多数时候，我们需要通过观察形势变化来制定新的策略和方案，我们需要保持一定的灵活性和弹性，这样才能做到与时俱进。

事实上，我们中的许多人都是典型的保守派，这些人的生活并不如意，他们渴望找到更好的工作，渴望去接触更多的新鲜事物，渴望寻求梦寐以求的爱情，但是到了实际生活当中，他们却陷入泥潭之中，不愿意轻易做出改变，他们仍然会干着周薪 200 美元的工作，依然会和那个与自己不对路的女友吵吵闹闹，依然会在自己固有的生活模式中拖泥带水。

我们容易习以为常，容易被环境改变，当生活给予我们一种选择的时候，我们轻易就抓住这个选择的机会，而且无论好与不好，都不愿意轻易放手。哈佛大学的导师史派克先生认为很多人对于生活过于依赖，一旦自己做某件事，就不会轻易去做出改变，这是一种惰性，这种惰性迫使我们放弃对生活开创性的追求，迫使我们失去新的选择权利。

史派克发现当一个人在某个工作岗位上超过 10 年，那么他最后选择新工作的概率只有 3%，哪怕他在这项工作上依然毫无起色。史派克还发现尽管美国并不是一个过分崇尚政治权力的国家，但是在公务员群体中，真正实现跳槽的人几乎少之又少。原因很简单，因为没有人愿意做出什么改变，改变意味着承担新的风险，意味着承担新的责任，多数人根深蒂固的思想时时提醒自己："就这样吧，反正日子还能过下去。"我们对于未来的兴趣似乎要远远小于维持现状，而对于未来的恐惧则要大得多。

这些现象并非只集中于某一些部门，而是一个社会性的现象，随着生活的深入，我们日益疏于对新路子的探索，我们越来越依赖自己原有的模式，并且丧失改革的意志。从一个民族或者国家的角度来说，这无疑是致命的，它导致我们创新思维的下降，导致我们失去生活的幻想。即便从个人的角度来说，一个太过固执守旧的人，会在日益开放性的社会潮流中被淘汰出局。

正因为这样，史派克发起了“从今天开始做出改变”的行动，但效果并不那么明显。为什么要改变？改变之后不会变得更糟吗？改变是否有必要？我现在似乎还不错，我没有任何冒险的必要。这些是绝大多数人的心声，即便是陷入困境的人，也没有多少人愿意尝试新路子，因为失败和痛苦的折磨已经消磨了他们的意志，他们不愿意再次承受失败的打击。

哈佛的校长曾经说过：“不要为了上哈佛而上哈佛，上不了哈佛你还可以成为其他大学的优秀才子。”这句话实际上恰恰显示出哈佛对于求新求变的要求，他们不希望自己的学生成为呆板笨拙的书呆子，只有变通才能开辟出新路子，才能创造出新机会，也才能够躲避更大的风险。

而掌握这个道理并将其运用到炉火纯青地步的，恐怕非华尔街的投资家莫属，你可以去看看，华尔街上的投资者几乎从来不会将赌注押在某一个项目上，他们的投资可能会比较分散，投资方式也多样化，这样才能避免将鸡蛋砸在一个篮子里。而且一旦投资失败或者遇到困难，他们会很快转移自己的目标和方向。不要在一棵树上吊死，这是对所有投资者的警告，同时对我们日常的行为活动也有着深刻的指导意义。

英国作家维克在《卑微的生活》这本书中这样写道：“我们如此卑微地屈服于生活的脚下，在生活所指定的旧模式下日益沉沦，有一天当我们偶尔想要寻求改变，却发现自己其实已经无能为力。我们渴望成功，却缺乏改进的勇气，我们对于生活的依赖程度之深，已经大大超出了我们做出第二次抉择的能力。”

无论怎样，变通都势在必行，尤其是对于年轻人来说，拥有新的思路，拥有更为开阔的视野，也拥有更多破釜沉舟的勇气，因此年轻人是善于改革并引领改革的人。这就是天然的优势，我们要懂得利用这种优势，尽量多做一些新的选择，只有用更加灵活开放的眼光来对待生活，我们才能创造更加美好的未来。

第十五章

法则 15：

合作——团队合作是哈佛人成功的保证

罗斯福总统曾经说过："哈佛不是孤立的哈佛。"这句话刚好指出了哈佛的一个重要品质，那就是善于进行团队合作。在这样一个高等学府里，每个学员几乎都是社会的精英，都是能够独当一面的优秀人才，但是哈佛要求每一个学员都要注重团队合作，都要主动结成同盟和伙伴关系，因为再强大的个体在社会中也是卑微的，而再卑微的团体在社会中也会具有一定的生命力和竞争力，所以合作成为哈佛精神的一种直观体现。

中国女孩高票当选哈佛“总统”的背后

哈佛是一个团队，哈佛的本质就是共同体。

——哈佛法则

哈佛学生会主席被称为“哈佛总统”，作为1.3万名研究生和博士生的领导者，哈佛学生会主席的地位和名望都是无可比拟的，他不仅在校内享有很高的威望，即便在一些与政治、人文相关联的校外活动中，也可以代表整个哈佛参与一些美国官方的活动。正因为学生会主席很重要，因此竞选的过程也非常严苛和激烈，很多人甚至认为美国总统的选举也不过如此。

尽管哈佛讲求公平，但是不可否认的是其他国家尤其是亚洲国家的学员想要当上学生会主席着实不易，一方面是因为语言文化存在一定的差异，另一方面则是其他国家的学员可能难以融入到美国人的生活之中。

不过2004年9月，来自中国宁波的女孩朱成却打破了这样的传统，尤其是欧美学生对于学生会主席长期的垄断。当时的她以62.7%的高支持率获得了哈佛大学教育研究生院学生会主席。当然，朱成之所以能够获得成功，很大一方面来源于中国的日益强大，以及中国文化的独特魅力，这使得中国学员们得到了更多的关注和认可；而另外一个很重要的原因就是朱成是一个非常活泼大方的女孩，具有很强的组织能力和领导能力，注重团队合作，而且她非常注重社交联谊活动，将其和中国文化、大学知识等结合起来。

比如说，朱成常常会带领同学和导师们学习豫剧还有太极，这些都具有典型的东方特色，尤其是中国文化的风味，这样不仅可以增加个人的魅力，更重要的是，她能够在这种交流沟通中建立起信任感，而且能够保持合作和互动。这种组织能力正是哈佛大学最为重视的团队合作的一个重要部分，可以说朱成是少数愿意把团队放在第一位的中国学生，她的能力似乎是与生俱来的。

事实上，来自中国的学生通常都是书呆子类型的实力派，对于社交活动、对于团队的概念很模糊，正因为如此，很多留学生都显得很不合群，至少东方人的内敛个性是不适合在西方文化氛围中立足的。而朱成却主动融入大家的生活，而且非常活跃，她的组织能力实际上正好迎合了哈佛一贯的合作传统，这就为她登上学生会主席的位置奠定了基础。

从这一个方面来看，朱成的成功并不是一种运气，尽管她是一个非常传统的中国孩子，但是她对于美国文化、对于哈佛文化的理解是深刻的，这种理解并不是外在形式上的模仿或者盲从，而是一种真正的理解和消化，正因为如此，她才能够想办法获得成功。

事实上，历届的学生会主席都有一些共性：学习成绩优秀，个人魅力突出，善于组织和领导，非常注重团队合作，不会将个人的意志力凌驾于众人的利益之上。毕竟学生会主席本身就注重学生的利益诉求，本身就是一个团体，因此合作是一个基本的要求，可以说当你懂得如何去维护这种联谊关系和相互协作的关系时，你也就抓住了哈佛精神的命脉。

因此朱成的成功实际上是对哈佛历史情结的一种复制，她吸收了这种宝贵的经验，遗传了哈佛注重合作的基因。与其说朱成是一个非典型的中国女孩，倒不如说她是一个典型的哈佛女孩，可以说这只是哈佛自己做出的一次合乎常规的选择而已，一切都是意料之中的，不是朱成，就会是另一个中国女孩，或者其他同类型的人。

在朱成成为学生会主席之后，几乎引起所有人的热议，大家都对这个来自大洋彼岸的中国女孩感到好奇，当然从某些方面来说，这种热议已经超出了种族、肤色和个人能力的界限，很多人甚至怀疑这只是一种用来拉拢中国市场的故意而为之的举动，只是哈佛为了抢夺全球市场和生源的一个方法。很多人都用一种很意外的眼光来看待朱成，我们甚至可以注意到这件事引起了一些新闻媒体的关注，这其实是没有任何必要的，哈佛只是选择了一个最适合当学生会主席的学员而已，它更看重团队意识而非种族和政治的考量，而以哈佛的名誉和声望来看，这些考量也是完全没有什么必要的。

今天我们仍然用崇敬的眼光来看待哈佛，但事实上哈佛并没有那样神秘，它所显示出来的一切都是意料之中的，都是哈佛文化的一种集中体现，你如果能够从哈佛的根源和文化进行挖掘，就能够发现，一切其实都是哈佛自身的合理安排。不论发生什么事情，我们都可以笼统地称之为哈佛的事务。

我们没有必要去过度地关注哈佛做了什么，没有必要去关注哈佛的学生到底是谁，实际上哈佛就是一个整体，一个最庞杂的教育系统和教学机构，它的任何一个学员都只是团队中的一个组成部分，没有国籍和种族的区分，没有性别和年龄之分。我们更应该关注的是哈佛式的成功以及成功背后的原因，我们需要从中吸收营养和经验，以此来指导自己的人生。

如果说朱成是哈佛的总统，那么我们每一个年轻人实际上都有机会成为生活中的总统，成为各自群体中的总统，只要我们专注于合作，具备团队意识，愿意提升自己的组织和领导能力，那么实际上我们也就把握住了成功的方程式。威尔逊总统曾经说过："我之所以获得成功，是因为我致力于团结所有的美国人，是因为我服务于整个国家的梦想。"今天，我们的年轻人也可以大胆地告诉所有人："我能够获得成功，只要我始终将自己当成团队中的一分子，并且将团队利益置于第一位置。"如果你是一个乐于合作且具有团队意识的人，那么你很快能够在团队中扮演一个重要的角色。

由蚂蚁生存法则看团队精神

一个团队中，如果每个人都愿意为大众的利益付出，每个人都懂得配合，那么所赢得的生存机会一定会很大。

——哈佛法则

今天，我们一直在谈论团队合作，那么团队究竟带给我们什么样的好处呢？

首先是竞争力的增加，这一点毋庸置疑，即便是草率地将所有的资源相加，所获得的力量也绝对要比个人的能量强大一些，如果合作紧密且能够实现优势互补的话，那么所得到的竞争力实际上是翻倍的。

第二点就是办事效率的提高。团队存在的基础通常不是简简单单的资源累积，不是规模的扩大，而是一系列资源的重新整合和配置，因此分工会变得日益明确，而且明显会实现最优化的配置，技术资源和人力资源都可以充分发挥最大的优势，这种优化配置带来的直接影响就是工作效率的提升。

团队合作还有一个重要的优势就是风险的最小化，道理很简单，当大家结成团体的时候，你原本所承担的个人风险会分摊到所有成员的头上，这时候一旦发生什么不幸，那么你所遭受到的冲击一定会被缓解和弱化。而事实上，随着大家的合作，对于风险的防备和思考也会更为明确，所以发生失误的概率会变得很小。

正因为如此，我们对于团队合作的信任和痴迷与日俱增，我们需要更多的朋友，需要更多的合作伙伴，需要更多具备竞争力的同盟。当然团队合作并不意味着成功，缺乏默契的团队合作很可能会产生严重的内耗，这种不协调的合作实际上会产生很大的负面作用，因此在团队合作中最重要的是应该具备协作精神，具备优秀的团队精神。

所谓的团队精神通常包括纪律、沟通、大局观、向心力等因素，这是一个团队中必不可少的要素，也是支撑团队合作的基本要素。而在动物世界中，我们说起团队，自然不可避免地要提到蚂蚁，蚂蚁作为世界上最小的动物之一，它们的确也算是自然界最卑微和弱势的动物，但实际上在所有动物中，蚂蚁的种群数量是最庞大的，它们的生存机会和生命力也是最顽强的，其中一个很重要的原因就是蚂蚁是世界上最注重团队合作的动物。

有成员负责搬运、筑巢、照顾蚁卵、清理巢穴，也有成员负责打仗和防卫，还有成员负责生产，一切都有着严格的管理制度。你兴许会认为这是人类社会才有的配置方式，事实上这只是蚂蚁世界的一部分。要知道蚂蚁的办事效率可能是动物世界中最高的，它们不仅分工明确，而且相互配合，比如合作搬运比自身重出好多倍的食物，比如共同抗击入侵者和猎食者。在亚马孙丛林中，大量的蚂蚁常常一同出去觅食，所经之处无一不是一片荒芜，无论是植物还是动物都难以幸免。不仅如此，蚂蚁在觅食的过程中会分散行动，一旦有成员发现食物，就会沿途留下化学气味，这样同伴们就能够在第一时间赶到现场。

事实上，蚂蚁的生存法则就是团队精神，坚持团队至上的理念使得蚂蚁成为大自然中最强势的种群之一。毕业于哈佛大学的威尔逊总统曾经说过："哈佛大学不是大象，而应该是蚂蚁，这才是哈佛的生存方式。"事实上，哈佛大学像蚂蚁一样注重团队合作精神的培养，比如在哈佛大学中，各种各样的团体和协会数不胜数，这些团体和协会的存在不仅仅是为学生从学校向社会过渡提供一个锻炼的平台，而且是真真切切地形成社会关系网，这样一来学员在日常的学习生活中就能够得到更多的支持、帮助。

事实上在这些团体内部，成员之间的联系非常紧密，哈佛大学的学生诺瓦克曾经是某协会的会员，他透露说协会内部每个星期都会开会，而会员之间基本上每天都保持联系，确保沟通和交流通道的畅通，而一旦出现了分歧，大家会聚在一起探讨解决的方案，目的就是争取在最短时间内，得出一个令大多数人满意的方案。诺瓦克自豪地表示自己所在协会中的每一个人都是豁达之人，从来没有什么钩心斗角的事情发生，也不会有人利用手中的职权为自己谋私利，因为一旦被发现，就会立刻被开除出去，而且还会在档案中留下污点。

这些只是冰山一角，其实哈佛内部的协调与合作机制远远超过我们的想象，作为一个教育机构，哈佛实际上更像是一个小社会，社会内部的人各司其职，却又具有强大的向心力。2005 年，美国一家调研机构曾经对各所大学进行调查，结果哈佛大学和西点军校的归属感是最大的，在学校内部，有将近 97% 的学生愿意将哈佛当成自己的家来对待，学员们忠诚地将自己当成团队中的一员。

团队精神是哈佛成为一个强大整体的先决条件，也是哈佛人能够走向成功的关键。我们如此迷恋哈佛，如此津津乐道地谈论哈佛的一切，不仅仅是因为哈佛代表着学术的巅峰，代表着优良教育传统，也不是因为它代表着成功。事实上，哈佛的成功离不开群体思维，离不开团队精神，哈佛就是一个联系紧密的合作团体。

年轻人如果想要获得更多的生存优势，那么也要注意加入团队之中，要懂得加强和别人之间的互动合作关系，要提高自己的团队意识和团队精神，只有将自己融入到团队之中，把自己当成团队中的一个部分，我们才能够得到更多的帮助，才能具备更强大的力量。

单打独斗的成功不能长久

一个人只是单翼天使，两个人抱在一起才能展翅高飞。

——哈佛法则

尽管哈佛始终保持自身学术的独立性，尽量避免和政治、经济市场挂钩，但哈佛的历任校长都特别强调：哈佛不是作为一个个体而存在，而是作为一个整体而存在的。哈佛从来就没有打算孤立地成为一个学术小岛，也没有打算孤芳自赏。不仅如此，哈佛大学还致力于提高学员的团队合作能力教育，重点在于培养学生的合作素养。

有一个数据很能说明问题，在哈佛大学的校友关系网络中，高达98%的学员成为网络名单上的成员，而且这些学员中有27%是直接或间接通过校友关系来获得工作。这样的比例在全世界都是很罕见的。尽管很多时候我们担心关系网的盘根错节会带来社会性的贪腐问题，但是结交更多的朋友以及相互之间的互助协作的确是现如今最强大的生存保障。

哈佛的学生尽管都是顶级的人才，却仍旧追求更为高效、更为安全的生存方式，他们对于团队是非常重视的，因为谁都明白，依靠单打独斗是难以在社会上立足的，而团队合作才是最佳的方式。我们都知道哈佛大学中出产了数位总统，而这些总统在选举过程中或多或少都得到了哈佛同学的帮助，而像哈佛根本就不缺乏智囊团和财团，这种巨大的资源优势确保了竞选者拥有更多成功的机会。

而对于那些毕业后面临就业问题的哈佛学生而言，团队优势就开始显露出来了，几乎有85%的毕业生都得到过同学或者老师的帮助。哈佛中流传着一句话："如果你一个人出去找工作，那么你每年可能会领走8万美元，如果翻一翻同学录，那么你的工资可能会是12万美元。"此外，很多从哈佛毕业的企业家也乐于从母校挖掘人才，他们愿意高薪聘用这些学子，为的就是增强自己的竞争力。

这种相互合作的思维习惯从读书的时候就应该培养而成，在平时的学习生活中，学生们必须学会互帮互助，必须懂得相互扶持，因为这是一群人的哈佛，而不是一个人的哈佛，只有依靠团队，哈佛才能变得更加强大，学员们才会变得更富有竞争力。

其实不仅仅是哈佛，如今合作已经成为一种新的生存策略，而且其重要性越来越大。在过去的50年，财团或者企业之间的合作和结盟已经翻了13倍，也就是说，现在的企业更加注重抱团合作。即便是世界上最权威最具吸引力的奖项诺贝尔奖，现如今也越来越重视团队合作，在诺贝尔奖成立的前25年，合作奖项占到了41%，而现在则跃居80%。这种趋势实际上显示出个人力量的局限性越来越被放大，而团队合作则日益成为生存策略的首选，因为合作意味着优势互补，意味着资源整合更趋于合理，意味着力量的成倍增长，这些都有助于竞争力的提高。

不得不遗憾地说，单打独斗的英雄时代已经过去了，过去单纯依靠个人就可以创造人生奇迹的时代已经一去不返了，现如今，过于孤立的个体很容易在激烈的竞争社会中惨遭淘汰，而那些主张合作的个人则拥有更多的机会和更为强大的竞争力。今天，即便强大如微软公司、苹果公司、沃尔玛，也需要寻找合作伙伴，也需要寻找更多的帮手，巨头之间的强强对抗注定了它们将会形成强强联合的同盟关系，这样才能够确保自己的市场和技术优势更加稳固。而对于个人来说，这种合作模式的需求也就更为迫切，因为个人能力毕竟很有限，难以长时间维持个人的优势。

一个人的力量在社会性的力量面前显得非常渺小，我们的自信也可能微不足道，甚至可能只是盲目的自信，正因为如此，我们所秉持的天然独立的个性很容易将我们全部摧毁。这并非危言耸听，今天的美国，今天的世界，今天的全球化潮流，已经足够摧毁一切渺小的个人，我们需要寻求更有说服力、更有竞争力的伙伴，我们的战争将不再是个人的战争，我们的成功也将不会是个人独有的成功。谁成为孤立的个体，谁就会被其他团体所击败。

随着社会的发展，作为年轻一代的我们迫切需要寻找一种共同的趋势将所有的东西连成一体，这包括我们的共同意愿、共同法则、共同的价值观、共同的利益，我们需要在千差万别之中找到一种微妙的平衡，需要找到更多的共鸣点，我们需要更多竭诚的合作。而合作既然已经是一种必然的时代趋势，我们要做的就是确保融入这个趋势当中，然后寻求更多更优质的人际关系资源和合作伙伴。

今天，我们需要扪心自问，需要好好看一看自己身边的人，看看我们有多少朋友，是否愿意和他们进行合作，是否一直在寻找适合自己的合作伙伴，这一点对于我们的发展至关重要。美国对个人主义和英雄主义的崇拜根深蒂固，无论是影视作品还是体育运动中，他们更加相信自身所具备的力量和能力，但正如那些虚构的超级英雄一样，他们的个人主义往往站不住脚跟，他们个人式的成功也缺乏坚实的基础。

乐意合作产生支持的力量，强迫服从导致失败的结果

合作意向是出自本愿的一种情感共鸣，这不是服从与被服从的关系。

——哈佛法则

对于合作，很多人一直都存在误解，认为合作就是双赢，其实合作还

有可能造成失败，甚至是两败俱伤的局面。合作的双方是否具有互补优势，合作双方是否具备合作的基础，合作双方是否处于公平公正的状态，双方是否真的有意愿进行合作，这些都很重要，毕竟当合作开始失衡的时候，合作的效果也会大打折扣。

合作应该是出于双方的意愿，不能被单方面所牵制和影响。事实上，在现代社会，合作的形势日益多样化，但同时也导致了我们过于迫切和鲁莽地对待自己的合作伙伴，我们似乎更加关心谁才是合作的主要角色，谁才是具备话语权的那个人，我们甚至将个人意志强加于人，采取威逼利诱的手段。这一点从美国各大公司的发展中都可以看出一些端倪，我们对于强权的仰慕似乎超过了合作本身的价值，这导致了我们并不过多地重视合作的过程，也并没有给予合作伙伴足够的尊重和信任。

严格来说，这就是一种利用和被利用的形式，当然我们在利用他人的时候应该明白一点：对方是否真的心甘情愿被人利用？这其实就是合作的基础。你当然有理由说："力量决定一切。"但实际上这种数百年来所成就的个人意志一直备受市场的冷落。实际上合作的本质是为了追求利益的最大化，而利益最大化需要合作双方相互之间齐心协力，需要有着利益和情感的共鸣，如果我们没有重视对方的意愿，而是粗鲁地强迫他人服从自己的意志，只是依靠个人的力量来寻求一些服务者，那么这种合作模式必定会漏洞百出。

到了今天，那些大公司仍旧利用自己的垄断优势和强大的力量来逼迫小运营商、供应商们服从他们的个人意志，这种强权政治势必会给未来的合作蒙上阴影。实际上，在合作中存在两个专有名词：暴力强迫与自由主义。所谓暴力强迫实际上就是在违背他人意愿的情况下强迫他人迎合自己的需求，这种暴力强迫的手段以及方式就是对合作精神的破坏。这个道理其实很简单，你愿意被人要挟和恐吓吗？你会一直忍受别人对自己指手画脚吗？你是否愿意接受别人的控制？答案永远都是明确的，没有人希望被人强迫着做一些违心的事，每个人都渴望在自由状态下做一些有利于自己的事情，我们对于个人利益与效率的追求永远是合作的基础。这样就牵涉到自由主义，自由主义并非是经济学概念，但是自由主义的存在是合作中一个不可或缺的因素，至少自由主义能够保证我们个人的情感不会与合作意志背离太多。简单来说，你最终很可能会乐于选择一个合作者，你是支持这种合作行为的。

哈佛大学的麦凯恩教授曾经将合作中的暴力强迫倾向称为心理垄断效应。所谓心理垄断实际上就是一种垄断的衍生品，当你觉得自己可以垄断市场，或者具备绝对的市场话语权时，你不再乐于听从他人的建议或者意见，也不再过多地考虑和迎合他人的需求，你会本能地从个人利益和个人意志出发，强迫他人来迎合自己的想法，可以说这时候的我们在心理上具备绝对的优势，我们忽略其他人的正常诉求。

心理垄断效应一般出现在超级公司或者强权人物那里，因为他们掌握着技术优势、资源优势、市场优势，还拥有绝对的权力，一旦开始合作，强势的一方会提出一些明显有失公允的附加条款，或者就是强迫他人来与自己合作。对于一个想要赢得未来的公司或者个人而言，实施心理垄断是欠缺考虑的，因为垄断就意味着失衡，失衡就意味着利益分配不均，而对于利益的追求是每个人的最终目的，一旦这一目标难以实现，合作关系必定会出现重大的裂痕，甚至反戈相向。

依据我们多数人的理解，哈佛大学名声在外，应该是依附者众多，想要合作的对象也很多。作为具有优势的一方，向来本着公平开放原则的哈佛大学从来没有强迫于人，它极力倡导一种体面的、有尊严的合作方式，本着自由自愿的精神。比如哈佛大学每年都要和常春藤联盟的下属机构，包括一些中学进行亲密合作，与其他大学含有众多附加条件相比，哈佛大学采取的是随意合作的策略，只要你想合作，且具备合作的价值，哈佛是非常乐意与你联手的。

事实上，哈佛内部的许多机构也会进行合作，而地位上的差距根本不会成为愉快合作的障碍。像学生会和其他一些小型的团体协会也会有一些互动性的活动，当然这些合作的前提都是出于自愿的，不存在力量上的胁迫。哈佛有明文的规定，如果某些团体借着优势诱骗或者压迫其他的团体或者个人，那么团体的核心成员将遭遇开除的危机。

合作应当是一次公平的平等的对话和联合，尽管双方的实力可能会出现悬殊，但是彼此之间的合作应该是令人愉快的，这不是一次强迫服从的互动方式。只有相互需要、相互尊重，并且是出于自愿的合作，才能够创造最大的效益，如果依靠权势来逼迫弱势的一方服从自己的意志，那么这种同盟关系只会是短暂的，而且这种合作也会产生一些负面效应，最终很可能会造成相互冲突、相互抵消的局面，这样实际上就破坏了合作的本意。

力量应当是进行合作的一个基础，是相互吸引的一种魅力，但我们一定要排除强迫性力量对于合作的干扰，一定要尊重他人的意愿行事。有一天当我们习惯于用力量说话，用力量强迫别人依附于自己的时候，我们的合作基础实际上已经被严重破坏掉了。

友善的合作比煽动更得人心

不要妄图去煽动你的朋友，唯有真诚友善的态度才能结成坚固的合作关系。

——哈佛法则

今天，我们的国家养成了一种恶习，就是无论说些什么，我们都希望自己另类，与众不同，我们渴望调动他人的情绪，于是不惜采用煽动性的语言，我们甚至不惜成为欺骗者。我们对于沟通交流、对于如何打动他人还抱有偏见，这是一个错误而危险的信号，这意味着我们只专注于如何引诱和讨好他人，意味着我们不再关注事实，不再依据自己内在的良心说话，意味着我们只是善于利用听众情感的人。

我们总是非常崇拜那些能说会道的人，但实际上那些天才的演说者无一不是真情流露的，他们对于情感的投入，对于他人的真诚和友善，远远要比语言技巧更加重要。很可惜的是多数人并未发现和意识到这一点，他们不曾了解其实最真诚友善的态度才是促成合作的一个重要要素，是一个辅助性的情感因素，而仅仅依靠语言技巧来赢得一时的关注，这种方法并不能长久，而且会造成误解，这样会为日后的合作埋下隐患。

无论彼此之间的利益关系有多么牢固，无论彼此之间的合作有多么迫切，单纯的利益并不能真正长久地保护好这种同盟关系，合作应当是真诚的、友善的，这是我们愿意谈论这一切的一个起始点，一个基本标准，这种基准维系了我们日益增长的合作意向和合作需求，确保我们能够长久地延续合作的传统。

如果你足够了解生活，了解人性的弱点，就应当明白煽动性语言只是一种虚浮的技巧，当他人趋于冷静和理性之后，煽动性语言会成为阻碍我们表达尊重和信任的一种障碍物。我们总是说“我的朋友、我亲爱的朋友”，总是说着一些激动人心、振奋精神的话，总是善于说一些蛊惑人心的话，但这些心理上的魅惑往往只是一时的，打动人心的力量应当是持久而醇厚的。

合作不应当是欺骗和赤裸裸的利用，不应当是天花乱坠的浮夸表现，因为合作需要看重实际的行动，你是如何行动的，你在做些什么，这些才是别人真正关注的焦点。我们需要表现得更加友善一些，煽动性语言只会让事情变得更加复杂，这种复杂性会令合作变得更加支离破碎。

哈佛大学的布朗教授是一位非常出色的社会行为学家，他研究了美国历届政府的外交策略，发现美国政府有一个共性，就是说得要远远比做得更多。造成这一现象的原因在于美国政府的两党对立，为了赢得大选，很多时候，候选人不得不说出一些更为浮夸的话，无论是对于自己的民众，还是他国的盟友，美国政府所许诺的东西似乎要比所能给予的更多。正因为如此，美国政府似乎已经渐渐不那么讨人喜欢了，在最新的世界研究调查报告中，有高达37%的世界人民认为美国人是造成世界危机的罪魁祸首，这一数据未来很可能还会升高。尤其是当2013年的“棱镜门”出现之后，世界便对美国政府失去了耐心和信任，其中包括美国最亲密的那些盟友。除非美国人能够立刻意识到自身的错误，能够立刻改正自己的合作态度，那么情况或许能够有所改观。

布朗认为美国人在合作中的双重标准以及对自身利益的绝对保护，实际上使得国际合作中常常充满敌对意味，不必说朝鲜、俄罗斯、伊朗和中国，即便是和美国比较亲近的国家，也在这种朝令夕改、自我保护的外交策略中深受其害。今天的全球化注定了国际合作要更加频繁，同“二战”以及冷战时期的国际大对立相比，现如今合作已经成为主题，但是美国人对于合作的认识还比较狭隘，这有悖于开放的、自由的美国精神。美国人对于合作更看重的是利益，为了这个利益，他们采用的不够务实的合作态度将使自己日渐孤立。

尽管哈佛大学不想过多地和政治靠拢，但是作为美国最出色的学院，而且加上和美国政府千丝万缕的关系，使得哈佛无法摆脱自身所背负的一些政治性的使命。2012年，布朗和哈佛大学其他的教授一起联名给白宫写信，希望奥巴马能够重视更多的合作关系，应当更加友善地对待合作者，其中包括中国和俄罗斯，因为无论是经济、政治还是军事领域，这3个大国之间都有着很大的合作空间，也有合作的必要，而这种合作必须是友善真诚的。美国人应该放下敌意，让更多的人感受到这个世界需要他们，他们同样需要世界人民，而不是依靠技巧性的东西来煽动合作情绪。因为大国之间的合作往往要更加理性一些，煽动性的方式只是为了一时的利益诉求，这样的合作远远不够彻底，也不会让合作伙伴真正信服。

实际上哈佛大学本身就非常重视和别人的合作，它在合作中也得到了很多益处，因此它非常重视合作关系、合作方式的重要性。作为一个超级大学，哈佛要远远比想象中的平实很多，它的生存策略是非常务实的，它也更加注重长远的生存和发展策略，不会因为一时的利益趋向而做出选择。

合作者更希望看到的是你的实际行动，更加看重你对于合作的诚心，而非那些天花乱坠的语言，而非虚有其表的外在展示。年轻人必须深切地体会和了解这一点，需要更加务实地对待自己的合作关系。煽动的力量是不足以长久地维系合作关系的，因为一旦谎言被拆穿，一旦你的煽动名不副实，那么合作关系很可能会土崩瓦解。其实良好的合作态度才是最重要的，只有保持友善的态度，只有懂得尊重和信任自己的合作伙伴，并愿意与之分享成功，那样才会使合作更加深入人心。

第十六章

法则 16：

永远的 NO.1——让优秀成为一种习惯

坚持成为最好，坚持成为行业内的领头羊，这是哈佛对自己的高标准要求，这也是哈佛大学连续多年成为世界上最好的大学的重要原因。对于哈佛来说，优秀不仅仅是一种目标，更是一种习惯，坚持做最好的哈佛，坚持成为最好的大学，这就是所有哈佛人的理念，而当这个理念一直延续下去的时候，哈佛的成功也就在情理之中。

追求卓越，敢于率众之先

从平凡到优秀，从优秀到卓越，我们要做的就是始终保持领先。

——哈佛法则

想必大家都知道，大学的灵魂就是卓越，这成为每所大学追求的目标。追求卓越首先不在于物质上的丰盛，不在于硬件设施的齐全，而在于思想、理念的创新和进步。一个具有开放性、开拓性的大学，必定会引领学术风潮，必定会将大学教育提升到一个更高的水平。纵观世界上最成功的那些学校，它们的思想和理念无不是世界上最为先进的，它们的大学模式都是具有引领性的，而哈佛则是其中的佼佼者。

如果你了解哈佛的历史和变迁，就知道哈佛从来不是一成不变的，它没有固守成规，而是不断想办法来改进自己。从当初一个卑微的复制品，到如今成为世界上首屈一指的超级大学，哈佛始终愿意提升自己，总是站在改革的前沿，因此它也总是引领着教育的潮流。

哈佛大学的发展史实际上就是不断创新、不断超越和突破的改革史，目的就是为了达到更加卓越的地步。一开始，哈佛的模仿对象就是英国的剑桥大学和牛津大学，主要培养律师、牧师和官员，学生是没有办法自由选择课程的。但是19世纪初，高等院校开始崇尚学术自由，因此自由选课的呼声越来越高，哈佛也开始进行改革，并于1841年正式实行自由选课制度。

随着南北战争的发生，哈佛大学再一次站在了改革的前沿，学校开始重视科学研究者的培养，这样实际上为哈佛的学术氛围注入了活力。之后不久，哈佛开始推行全面的选修制，这一次的超越和改革导致了其他学校纷纷效仿，大家都刻意减少或者废除必修课，开始增加选修课。

随着自由选修课的推行，学生有了更多的选择，开始从附属于老师和课程的桎梏中脱离出来，有了更多施展自己才华的机会。当然自由选修也带来了一些弊端，学生们容易由于自身的兴趣而荒废了自己的专业课。为了进一步提高办学效率，1909年洛厄尔出任哈佛校长，他开始推行“集中与分配制”，让学生在必修课和选修课中有了更为明确的选择。到了1951年，哈佛大学率先推行普通教育，之后相继又强化了一些核心课程。而这基本上导致了现代课程制度的形成，现如今，哈佛仍旧在不断改革和进步。

实际上无论做什么，哈佛人都努力做到最好，这也是它成为常春藤联盟盟主的原因，更是成为引领世界大学教育的先锋。它的很多理念都具有开创精神，可以说对现当代的大学教育模式起了很深远的影响。正是因为哈佛敢于创新，敢于成为那个开拓者和引领者，它才会成为最卓越的那个学校，而哈佛的这一个特性在最近几十年更是非常明显。

敢于率众之先向来是哈佛的一个重要标志，也是哈佛极力推行的一项政策，为的就是要始终保持领先，而且始终保持最优秀的品质。在创造多项第一的时候，哈佛不愿意停止自己的脚步，而且还将这种精神传播给自己的学员，在学校内部，哈佛大学设有专门的奖项，以支持和鼓励那些敢于成为第一个吃螃蟹的人。因为只有保持第一，只有追求更高的层次，才能够确保自己成为最优秀最卓越的那个人。正因为有着这一系列的鼓励措施，哈佛大学培养了 40 多位诺贝尔奖得主，还有 30 多位普利策奖得主，这一系列的成果实际上正是源于哈佛的创新与对卓越的不懈追求。

今天，我们在谈论哈佛大学的时候，不得不肃然起敬，但同时也应当对卓越品质有更多的理解。我们要成为最优秀的那一类人，就要懂得去创新、去改革，去创造一种新的可能性，这是一种自我提升的法则。当然这一点正好迎合了美国人的思维方式，作为一个只有 300 多年历史的新兴国家，美国人对于历史的领悟能力是极度缺乏的，他们对于历史并没有更为深入的印象，但是作为快速发展的典范，美国人实际上正是依靠开放性的思想和理念，依靠开放性的生活模式，在短短数百年时间内迅速成为世界上的引领者。

当然还有一些人害怕带头，害怕去突破和革新，他们并非是保守人士，并非是思维落后的党派人士，但事实上创新真的需要勇气，而很多人则缺乏这样的勇气，相对于冒险，他们更愿意安于现状，更愿意成为追随者，他们的想法在于成为一个优秀的人，而非一个卓越的人。

实际上，作为年轻人，更需要具备突破和创新的勇气，更需要勇敢地成为一个领路人和开拓者。只有先人一步，只有善于挖掘别人未曾了解的东西，只有不断精益求精、开拓创新，我们才有机会走到最前列，才有机会成为那个最卓越的人。正如美国总统肯尼迪所说：“你想要成为最好的那个人，那就努力成为走到最前沿的那个人。”当你能够成为开拓者时，你也许就能够成为那个引领者，而你所做的一切都是先于众人且高于众人的，在这样的形势下，你只会更加精进，只会变得更为卓越。

走自己的路，成功者需要走不寻常的路

成功者的足迹只能走一遍，我们没有办法去重复，也不应该去重复。

——哈佛法则

在哈佛大学中，老师们经常会给学生讲述一个特殊的教案，那就是百事可乐和可口可乐公司的关系。有一天可口可乐的总部接待了一位特殊的到访者，他说自己的公司濒临破产，希望能够被可口可乐公司并购，但是可口可乐的高层经过反复研究和论证，认为这家公司没有任何并购的价值，于是就赶走了这个人，可是谁也没想到，不久之后这家公司就成为和可口可乐公司相互竞争的饮料巨头——百事可乐。

当然很多人至今对百事可乐的成功嗤之以鼻，多数人仍旧坚定地认为百事公司是一个不折不扣的仿制品，而这一点更是成为可口可乐公司的重要把柄，但事实上百事可乐是一个非常具有自主意识的公司，而它的成功实际上也是因为它的独立性与特殊性。

事实上可口可乐更加注重传统，而百事可乐更加关注年轻的力量，它当年提出的“新一代的选择”这个口号很快俘获了大批的市场。而在市场攻坚战中，可口可乐具有典型的美国思维，而且政治意味和种族意味非常

浓厚，它更加看重美国本土、欧洲这些白人世界，而百事可乐则从苏联、中国以及其他亚非国家入手，结果打破了可口可乐的垄断，并最终获得巨大的发展。

从百事可乐的发展轨迹来看，这个世界上其实没有任何人可以复制他人的成功，至少不能长期复制他人的成功，百事可乐实际上并不是可口可乐的影子。可口可乐因为独特的配制秘方而成为最神秘的饮料，它的确是独一无二的，但百事可乐同样也是独一无二的，百事的成功实际上也是它自己的成功。

哈佛大学之所以重视这一点，不仅仅是因为它自己也曾经犯过类似的错误，导致了斯坦福大学的诞生，更重要的原因在于它想要告诫学员一定要走属于自己的道路，这样才能获得成功。复制别人，也许你会变得很优秀，但远远称不上卓越，而你的成功也不会坚持太长时间。哈佛大学希望每一个学生都能够坚持自我，因为哈佛大学本身就是一个不走寻常路的学校。实际上哈佛大学最初的模板是英国的剑桥大学，当时的美国还是英属殖民地，为了在美洲也打造出一个具有剑桥大学那种规模和实力的学校，地方政府决定斥资建造哈佛，当然哈佛大学并没有按照剑桥的模式去走，而是按照当时的环境和自身的条件，严格坚持走自己的道路。正是因为如此，哈佛大学很快成长为独一无二的学校。

今天，我们应该值得庆幸，如果哈佛大学完全照搬剑桥大学，那么它也许会成为一个优秀的复制品，也许会成为剑桥第二，但是绝对不会成为哈佛第一，更不会成为世界上最成功最出色的学校。哈佛多年来一直秉持的观念就是独立自主，坚持走自己的道路，哈佛大学的校长艾略特曾经说过："如果仅仅依靠复制和重复，没有人会获得成功，只有成为独一无二的人，你的成功才具有价值。”

哈佛大学K教授曾经对150位世界最成功的政商界人士进行调查，发现没有一个人的经历是相同的，他们也没有去参照任何的模式。正因为如此，这个世界上才只有一个普京、一个奥巴马、一个乔布斯、一个扎克伯格、一个比尔·盖茨，这些人的成功是必然的，因为他们都独一无二，而且不可复制。

今天，我们中的很多年轻人仍旧对未来充满幻想，对成功者充满崇拜，他们躲在成功者的树荫下来谈论自己的理想，在成功者的光环当中来描述自己对于理想的热切期望，他们所仰慕的人已经完全笼罩着自身的光辉，而他们独有的个性却淹没在别人的成功模式和思维当中。

要知道，我们生而为自己的事业服务，生而为自己的理想而奋斗，我们所做的一切都只是为了打造一个属于自己的理想，而做自己则是一个最基本的生活需求，也是践行理想、获得成功的前提。今天我们所谈论的成功往往带有很鲜明的个人标签和印记，今天我们所谈论的价值观念也具有鲜明的个性，我们并非要特立独行，但是既然每一个人都是不一样的，我们就要按照这种差异化来确定自己的人生方向和目标。

我们没有办法容忍这个世界上还会存在第二个乔布斯，也没有人愿意认可这一点，每一个伟大人物都是与众不同的。你可以汲取他们的经验，可以模仿他们的行动，但是一定要专注于自身的独特性，要善于把握自己异于别人的特质，我们的选择也要从自身的位置出发，我们对于成功的掌控要立足于自身的发展模式。

但丁说：“走自己的路，让别人说去吧！”今天年轻人需要这样的勇气，需要坚持走自己的路，需要开拓出自己的路子，成功往往源于创新，而坚持自我实际上就是一种创新。每个人都具有独有的特性，坚持这种特性，坚持做自己，这就是最大的成功。

世界会因你的与众不同而精彩

当你无法成为那个引领者时，就要想办法成为开拓新道路的人。

——哈佛法则

何为成功？罗斯福对此的解释是“成为那个最与众不同的人”，肯尼迪也认为“不同寻常的东西通常都容易受到关注”。伟人之所以成为伟人，就在于他们在大庭广众之中依然保持自己的个性，这成为个人魅力的主要来源。作为哈佛大学培养出来的两任总统，罗斯福和肯尼迪都立足于新颖，立足于个性化的东西，毕竟只有那些与众不同的东西才更容易获得成功，才更能够创造各种新的可能性。

如果说过去的几十年，我们试图寻找一种共性，试图寻找一种共同的特质，那么今天，我们更加专注于自己的东西，更加专注于个性化的表现方式。我们对于生活的选择开始出现明显的差异化，这种差异不仅仅体现在服饰、表达方式、行为方式上，还体现在思想和思维层面，我们更愿意特立独行，更愿意独树一帜。因为谁都明白，一旦成为大众化的一员，就容易被大众化的盲流所淹没，成为默默无闻中的一分子。

生活在别人的世界，生活在统一规则的制度和思维模式之下，我们缺乏更大的活力。以社会化的标尺来衡量自己的一切思维和行动，我们会成为很渺小的一分子，而且还会变得越来越渺小。如果我们渴望成为另一个“他”，渴望成为无数个“他”中的一员，那么我们的平凡会被放大，最终被泛化。

坚持个体的独立性和独特性，这很重要。的确，我们需要和世界建立起更深层次的联系，为此我们需要和世界建立起更多的共性，但实际上一旦我们想要获得成功，那么就要想办法超越这些共性，我们需要展示出自己不为人知或者不同于他人的一面，这些特质使你有别于你的父母兄弟，有别于你的朋友同事，有别于一切获得成功或者未能成功的人。你想区别于周遭的一切，那就是你的个性，是你最真实也是最有价值的标签。

哈佛大学的校长博克曾经这样评价自己的学校：“哈佛每年都有数万名学生，但是每一个学生都独具魅力，他们并非是因为哈佛的名声而成为关注的焦点，而恰恰是因为他们独有的个人魅力增加了大家对哈佛的关注。”正因为这样，哈佛实际上是非常赞同学员保持个性的，只要不是有违校规，只要不是带有种族歧视和人身攻击意味的行为，哈佛是主张学员们保留和发挥自己独特的一面的。

比尔·盖茨在哈佛大学的历史上绝对算是一个异类，作为一个高智商的人才，他不仅成绩优异，而且思维活跃，是一个非常难得的人才，但是在哈佛上学期间，他却主动提出了辍学，这听起来非常让人震惊。如果你能够想象到全世界其他学子对哈佛的崇拜，就知道盖茨这家伙一定是脑子出了什么问题，但是他最终还是这么做了，而且很显然他还走得很潇洒。

事实上，这个腼腆的大男孩并不像是一个爱胡闹的家伙，他甚至没有犯过什么错误，但他注定了是一个异类，一个倔强的天才，而天才的行事风格向来是天马行空、不拘一格的。不过，他的离开实际上促成了一个伟大公司的诞生，而且也使他自己成为世界上最有钱的人，甚至于连他国的领袖人物也经常成为他的座上宾。

多年之后，重回母校领取毕业证书的盖茨在毕业典礼上发表了一段有趣的演讲："我终于可以在简历上写我拥有一个本科学位，真是不错啊。"他对自己进行了一番另类的调侃，自认为是所有失败者、辍学者当中做得最好的一位，因为他还有机会站在哈佛进行演讲。实际上，他所取得的成就远远高于哈佛大学所能给予他的一切。

事实上，当他离开的时候，很多同学和老师曾予以挽留，但是为了开创自己的事业，他觉得读书太浪费时间，而这已经成为继续自己事业的一个巨大障碍，所以在一片惊讶声中，他收拾收拾行李就离开了哈佛。如果从当时的环境来看，这绝对是一个疯狂的举动，我想即便是在今天，也绝对没有几个人有这样的勇气和哈佛告别。当然，正是因为与众不同，盖茨才有底气离开哈佛，才有底气重新回到哈佛演讲，也才有资格成为哈佛历史上最著名的人物之一，他的影响力比那些背负着哈佛之名的正统学生要大出很多，我们完全可以说他是一个影响了现代科技发展和生活方式的伟人。

盖茨的与众不同成就了一个伟大的互联网时代，而千千万万个"异类"，他们仍有那样的机会和潜力获得属于自己的成功。和别人不同正是我们遥控生活的一种方式，使我们在生活中有了更多的主动权。拿破仑的敌人曾经这样评价他："一个从来未曾有过的君主，他做到了我们所有人都不曾做到的事情，他的天赋和特立独行注定了要让我们吃尽苦头。"同样的还有篮球之神乔丹，当初魔术师约翰逊是这样形容他的："乔丹是一类人，我们其他人则是另一类人。"可以说伟大的人都具有区别于众人的特质，当然也正是因为这些特质才导致了他们区别于大众。

今天，我们的年轻人非常重视个性，当然这种个性并不是单纯的行为举止上的反叛，也并非是简单的另类时尚，而是一种能力和理念，是一种不同于他人却又自成风格的成熟思想。今天，仍有数百万的黑人青年头戴假发或者身着一些夸张的黑人服饰，他们将黑人文化以及社区街头文化生搬硬套到自己身上，并称之为个性，但事实上个性应该是由内而外的。事实上，我们虽然需要保持个性，但是一定要确保自己的价值是与众不同的，只有这样才能保证我们的成功，才能保证自己成为人人关注的焦点。

另辟蹊径的人，才能留下更深的脚印

不要总是想方设法跟着别人的脚印去走，走出一条不同的路，往往有机会获得更大的成功。

——哈佛法则

有一头羚牛跟随着大队伍行进，它非常渴望在这次浩浩荡荡的大迁徙中留下自己的脚印，但事实上由于数量太多，羚牛根本就看不清自己的脚印，而且每次都按照前面的脚印去走，而当它回过头看自己的脚印，就会发现后面的同伴已经跟上来踩到那个脚印了，而且随着踩踏的同伴越来越多，羚牛的脚印越来越不明显。为了确保自己的脚印可以深深刻印在土地上，它拼命往下踩，这时候有只年长的羚牛看到了这一幕，于是对它说：“你既然想要留下脚印，那为什么不另外开辟一条道路呢？”羚牛这才恍然大悟。

有关这样的故事，我们并没有太过在意。事实上我们的脑子里似乎总是会显示出某些成功的模式，这些模式都是在别人的成功实践中提取出来的，但是任何一种模式实际上都不能成为一种必胜的标准。我们所谓的成功模式并不能长久地被重复和复制下去，因为一旦进行多次重复，那么个人的成功将变得模棱两可，个人的标签将不再鲜明。

在前进的道路上，由于顺从、跟随的惯性思维和从众心理的作用，我们始终保持这样一副面孔、一种策略、一种希望，它使我们竞相称颂的成功经验沦为一种常规手段。这是一种毛毛虫效应，我们跟随着大溜，有时候是盲目的，有时候则是因为惯性思维的影响，但无论出于何种缘由与态度，对于生活的过度信任，对于大众化的过于痴迷和依赖，都将成为限制自身发展的束缚。

事实上，我们对于固定思维以及大众化思维的依赖，正好显示出了对创造性思维的恐惧。哈佛大学的心理学教授麦金先生过去的 20 年一直想方设法成为细胞学中的佼佼者，据我所知，他对于前人的理论非常重视，甚至达到了疯狂崇拜的地步，他觉得自己只需要好好消化前人的研究，就能够将细胞学发扬光大。但事实上，经过数年的发展，他在这一领域内仍旧缺乏足够的权威，很重要的一个原因就在于他的研究方法都是遵从前人的，而这一点导致了他知名度不高。尽管我一直认为他也是一个出色的医学家，但是从科学的角度来说，麦金先生缺乏创新，他没有能够走出其他的道路，没有触及那些不为人知的领域。直到最近，他似乎开了窍，开始尝试一种新方法来解决问题，从新的角度来分析和理解细胞学，结果大获成功，为细胞研究提供了一种新的方法和思维，也扩大了细胞研究的领域。

麦金先生先前的遭遇是多数人都可能会遇到的问题，这并非是一种简单的选择问题，当然选择的角度和立场的确会影响我们对问题的看法，但实际上麦金先生只是哈佛大学的一个缩影，而整个哈佛大学就是一个锐意求新求变的教育机构，它不甘心居于人后，更不会盲目跟从别人。哈佛大学的精神就是创新，哈佛大学的办学目标就是走出不同于众人的一条路，正因为如此，它才能够始终站立在世界大学教育的最前沿。

我们对于生活的选择有时候就像牛顿与爱因斯坦一样，当牛顿从宏观的角度去定义物理学的时候，现代物理学的架构基本上完成了。我们此后数百年的科学家都在遵从牛顿的几大定律进行研究，尽管偶尔有出彩的地方，但是没有人可以和牛顿相提并论，甚至连接近他也很困难，直到那个犹太人爱因斯坦的出现，他开始从微观角度来看待宇宙，最终颠覆了牛顿经典物理学的绝对权威，开创和丰富了物理学体系。

实际上多数人跟随了牛顿的经验和理论，而缺乏另辟蹊径的魄力，结果变得不再个性鲜明，而爱因斯坦式的开拓者则成就了属于自己的人生。我们可以从中明白一个浅显的道理，那就是当所有的人都走同一条路的时候，是不会留下你的脚印的，想要让自己在人生的道路上留下更深的印记，唯一的方法就是另辟蹊径，就是想办法走一条别人未曾走过的道路，这样一来，你的成功才会显得弥足珍贵，才会显示出独特的个人魅力。

在现代社会中，多数人已经开始作茧自缚，将自己绑在一个通用的观点或者法则上，我们坚信经验主义的作用，并成为它的受害者。此外我们还习惯于追随他人，这是一种保守主义的做法，因为我们总是认为只要有人数上的优势，我们的决定和判断就会保持一个基本的准心，我们的生活就不会出现太大的波动，就可以更加平稳，这种想法实际上抑制了我们对于其他可能性的进一步探讨，而且也进一步抑制了我们开辟新方法新道路的勇气。

如果我们足够年轻，那么就不要轻易被经验主义所绑架，就不要被他人的成功之道所迷惑，更不要盲目去追随其他人。我们需要更为开放的大脑，除了过去固有的以及他人的思维和行动方案之外，我们应当有自己的选择性思维，应该更多地考虑其他的可能性，应该想办法寻求一种新的方法，只有这样，你才有机会成为第一，才有机会去创造属于自己的成功新模式。

每一次都尽力超越上次的表现，很快你就会超越周遭的人

每天都进步一点点，在不久的将来，你也会成为那个最优秀的人。

——哈佛法则

世界上的跳高冠军是谁呢？很可能多数人都不会想到，小小的跳蚤会成为跳高冠军。实际上科学家也无法确切计算出一只跳蚤的跳高极限是多

少。有人曾经想要弄清楚这件事，将跳蚤放进玻璃瓶里，并在上面盖上玻璃板，于是不断让跳蚤往上跳，每次当跳蚤碰到玻璃板后，就提高玻璃板的高度。结果发现跳蚤在不断地尝试和突破，最终可以跳到自身身高175倍的高度，如果将跳蚤的能力嫁接到人的身上，那么一个人就可以轻松跳过纽约绝大多数的高楼大厦。

实际上很多跳蚤并不一定就能够跳到这样的高度，关键在于它是否愿意去挑战这些高度，是否愿意不断突破和超越自己。而想起跳蚤，我们不能忽略人类跳高史上最著名的女运动员——伊辛巴耶娃，作为一个俄罗斯的名将，她的教练一开始给她制定了跳过4米80的任务，结果她通过严酷的训练做到了这一点。之后她获得了极大的信心，于是开始每天都要求自己不断进步，哪怕只有1毫米，她也要想办法提升自己。2004年2月，她一举创造了4.83米这一室内撑杆跳的纪录。接着她又告诉自己：为什么不试着挑战一下4.85米或者更高的室内比赛高度呢？于是仅仅在一个星期之后，她就打破了自己保持的纪录。

之后她又分别跳到了4.86米、4.87米、4.88米、4.89米的高度。到了2006年，她将高度调到了4.91米。2009年，她又不可思议地冲破了室内赛5米的高度。这时候，大家开始意识到只有天空才是她的极限，而在不断的自我挑战和超越中，伊辛巴耶娃成为世界上最杰出的女运动员之一，而在女性跳高运动员当中，再也没有一个人可以接近她的成就。

哈佛学生拉尔德曾经为自己能够进入哈佛感到自豪，要知道在他所在的小镇上，大概从来没有人能够做到这一点，所以他自认为创造了历史，并且能够一直成为最优秀的那个人，可是当他进入哈佛大学之后遇到了挫折，他发现自己的表现远远比不上其他人，换言之，这里的优秀人才实在太多了，而这显然影响了他的自信。

当自己一以贯之的优秀被阻击的时候，那种挫败感可想而知，拉尔德很快陷入惶惑和自卑之中，他甚至怀疑自己进入哈佛是否得当，他不知道该如何来继续自己的大学生活。当然他的心理学导师蒙拉女士看到了这一点，于是安慰他，并告诉他为什么不尝试着去突破自己呢。拉尔德于是开始了自己新的计划，那时候他每天都增加自己的阅读量，而且还加大自己的作业量，而当学习成绩公布出来之后，他也会想办法在下一次尽量考得更好一些。

正因为坚持每天都进步一点儿，拉尔德的成绩有了很大的提高，等到毕业成绩公布出来的那一天，拉尔德才意识到自己其实已经成为班级里最出色的学员了。2010 年，拉尔德成功被苹果公司聘用，成为班级中唯一一个有幸与乔布斯共事的学员。

我们常常对于超越自己会产生误解，总以为超越就是让自己完完全全改头换面，完完全全地提高到一个新的层次。但事实上并非如此，超越的幅度有大有小，如果我们没有办法跨出一大步，那么不妨细水长流，从每一天的微小进步中来获得积累。每天都进步一点儿，你就能够不断提升自己的潜力和能力，这是哈佛一直以来都坚持的原则，也是哈佛学员形成的一种共识。每天都在超越前一个自己，每天都能获得最原始的积累，而我们的潜力则会不断被激发出来。

事实上，即便是每天进步 1%，我们最终所能获得的提升空间也是非常惊人的，即便是如此微小的进步，成功也是无法阻挡的。今天超越昨天一点点，而明天又坚持超越今天一点点，每一天的微小跨越，最终会创造一个大奇迹。而我们不断进步和超越，最终会发现，不仅征服了自己，也超越了身边所有的人。

但事实上人都有一种惰性和惯性，我们习惯了安于现状，我们对于现实的满足似乎要远远大于进步的兴趣，多数情况下，我们只是被动地生活，尤其是当我们发现自己正处于一个比较有优势的位置时，我们会告诫自己“这样就足够了”。保住现有的东西几乎是每一个人的通病，这也是自然世界多数动物的弱点。我们的进化都是被迫的，由于环境的变化和时代的变迁才导致我们去提升自己，但真正的强者需要主动去完成蜕变。

苏格拉底的学生曾经向他讨教成功，苏格拉底笑着说：“只要你的所作所为比上一次的要好一点儿，那就是最大的成功。”今天，我们的年轻一代需要秉持这种优秀的理念，需要努力去更新自己的能源库，需要不断去武装和提升自己的能力。永远不要指望时代会为你而止步，永远不要以为个人的优势可以永久地保持下去，没有人可以永远享受强大的专利，除非你能够不断突破自我，而这才是我们引领世界的唯一标准。

自己变得强大，别人才会尊重你

弱者的尊重往往是别人施舍的，唯有强者才能赢得真正的尊重。

——哈佛法则

无论我们多么喜欢谈论和平和民主，无论我们多么渴望道德能够成为约束社会的强大武器，无论我们多么友善，在现实生活当中，赢得尊重的最好办法依然还是力量。力量决定了我们的生存方式，决定了我们的社会地位，这一点从人类一开始进化的时候就已经成为一条不变的法则。

一个强大的人，别人才会给予你更多的关注；一个强大的人，别人才会愿意听从你的意志，这是社会发展的必然，也是优胜劣汰法则当中的一个定式。在历史的演变中，在人与人的交往当中，这个定律一直未曾改变，我们依然按照最原始的方式来甄别自己的交际方式。是的，只有成为最强的那个人，才会赢得别人的尊重。就连最最崇尚和平、友善的人士，也不能否认这一点。今天我们的霸权主义和各种不平等政策仍旧根深蒂固，为了生存，每个国家都在想办法努力提升自己，这是弱肉强食下的一个迫不得已的选择，也是最为稳妥的选择，弱国永远没有外交的优势，永远会丧失话语权，永远都不能得到同等的尊重和重视。对个人而言其实也是如此，你不要期望别人总是会同情你，会给予你应有的尊重。想要被人认可，那么唯一的方法就是成为一个强者，你的强大才能够为你赢得更多的名声和地位。

哈佛大学曾经只是一个小学校，尽管这里的办学目标是为了培养更多的官员、牧师和律师，但很多英国贵族都不屑于将子女送到这里读书，毕竟英国的牛津和剑桥要远远超过最初的哈佛。伊顿牧师曾经希望那些有权势的总督或者商人能够投入更多的精力来打造一个美洲版的剑桥，但事实上多数人并不看好哈佛，尤其是那些高傲的英国统治者，他们更愿意接受本土的教育，至于哈佛大概只是一个噱头，目的是服务于英属殖民地的统治，毕竟在这片广袤的北美大陆上（美国的前身）需要更多的官员和律师等职务。

在这种歧视中，哈佛注定了难以获得足够的尊重和认可，很多资料都显示当时的英国对于哈佛实际上是抱着轻视和无所谓的态度的，正因为这样，才会导致哈佛一开始只招收到了4名学生。如果仅以这样的水准来定义“美洲剑桥”，那么实际上是巨大的失败和讽刺。在这样的情况下，哈佛唯有变得更强，唯有努力提升自己的能力，才有机会去获得更多支持和认可，才能赢得更多人的关注，尤其是那些英国殖民者，毕竟他们掌握着大量的社会资源和绝对的权力。

正因为能够发奋自强，哈佛逐渐完善自己的教育体系，逐渐提升自己的教学品质，这时候越来越多的人开始重视哈佛，并愿意为之倾注自己的心血，也有更多的人开始投入扶持哈佛的成长计划，在这种趋势下，哈佛渐渐步入轨道，并很快成为世界一流的学府，而随着地位的提高，尤其是成为世界上最好的大学之后，哈佛也赢得了最高的尊重。

对于成长有着深刻体验的哈佛，完全意识到了如何才能赢得别人的尊重，这种痛苦的经验实际上也成为它核心教育的一部分，因为它要让自己的学员始终保持竞争性，始终保持绝对的领先地位，它要让所有的学员了解一点：一旦你失去优势，一旦你变得弱小，就能够发现别人异样的眼神。

实际上从社会最现实的角度来说，所谓尊重实际上具有双重的标准，一种是道德上的尊重，更多时候这只是一种施舍行为，尤其是对弱者而言，别人在道德上尊重你，只是为了迎合某种社会需求，但从本质上来说，别人和你的地位是并不平等的。而强者的尊重则是一种真正意义上的臣服或者认可，是对个人能力和地位的向往、崇敬，在强大力量的保障之下，你的话语权会得到保证，你的行为会成为一种准则。

什么才是生活？爱默生说生活就是对力量的追求，这一点是无可辩驳的，尽管我们刻意掩饰自己的野心和欲望，刻意让自己的行为更加低调一些，但丝毫不能掩盖我们尊重力量且迫切需要力量的事实。这一点是每个人都具备的想法，我们用不着去回避，实际上只要你想要获得更好一些的东西，只要你想要赢得更多人的关注，你就会拥有这样的野心和兴趣。

我们可以说尊重总是伴随着成功和强大的力量一同出现的，我们甚至无法想象300多年前的美国竟然还是一个备受欺凌的殖民地，还是一片蛮荒中的弱小者，但是如今的美国却已经引领了世界几十年，众多国家唯美国马首是瞻，这种巨大的差距实际上彰显了力量的重要性。今天我们仍旧在追求力量，仍旧渴望保持力量上的绝对优势，仍旧拥有巨大的政治和经济野心，因为我们明白一旦自己放弃了这样的野心和想法，我们潜在的竞争者，包括我们的对手和盟友都会弃我们而去。这是历史发展的必然，力量并不能决定一切，但能够决定我们所受到的尊重究竟有多少，力量就是衡量气量的一种绝对标准，是一种雷打不动的法则。

对于那些成功的人来说，对于那些强势的人来说，他们的周身总是笼罩着一层保护色，总是具有强大的磁场和魅力，他们具有牵引物质和自然的力量，具备征服别人的魅力，无论他们现身于何时何地，总会有各种各样的神奇手段在周身凝聚和运转，总会有人愿意靠近且尊重他们。这就是强大力量赋予我们的绝对权力和优势，这就是最最真实宝贵的生活真理。

如果我们年轻，那么没有理由去拒绝力量的诱惑，我们需要力量，需要让自己变得更加强大，需要站立在更高的位置来面对社会竞争。如果力量被限制住了，或者说我们失去了这种优势，那么我们将会在社会大舞台上失去更多的资本，别人对于我们的态度也会发生很大的转变。

图书在版编目（CIP）数据

哈佛法则：哈佛大学送给青少年最好的礼物 / 李克维著.
—北京：中国华侨出版社，2014.8
ISBN 978-7-5113-4863-0

Ⅰ. ①哈… Ⅱ. ①李… Ⅲ. ①成功心理—青少年读物
Ⅳ. ①B848.4-49

中国版本图书馆CIP数据核字(2014)第202556号

哈佛法则：哈佛大学送给青少年最好的礼物

著　　者：李克维
出 版 人：方　鸣
责任编辑：紫　夜
经　　销：新华书店
开　　本：700mm×990mm　1/16　印张：18.5　字数：220千字
印　　刷：廊坊市兰新雅彩印有限公司
版　　次：2014年10月第1版　　2014年10月第1次印刷
书　　号：ISBN 978-7-5113-4863-0
定　　价：38.00元

中国华侨出版社 北京市朝阳区静安里26号通成达大厦3层 邮编：100028
法律顾问：陈鹰律师事务所
发 行 部：（010）82068999　　传真：（010）82069C00
网　　址：www.oveaschin.com
E-mail：oveaschin@sina.com

如发现图书质量问题，可联系调换。质量投诉电话：010-82069336